中国建筑设计研究院设计与研究丛书

U0210099

更新七题

——北京老城核心区的实践与思考

柴培根　著

中国建筑工业出版社

序言 一

文\崔愷

年纪大了，平时喜欢走走路作为一种健身方式。平日里晚上在附近的街边走，出差了结合现场考察走，周末公园人多，往往愿意去东西城的胡同中走，不仅图清静，也去看看市井生活和城市的变化。

北京的老城一直处于一种或快或慢的变化之中。有院子里老百姓自发的搭建，以解决居住空间的不足；有机关单位的办公楼和宿舍，以满足工作和职工生活的需求；有街道居委会的物业，不仅为社区服务，也会出租开店以补经费的缺口；有学校和工厂不断的扩建，以扩大招生和生产的规模；当然更有后来开发商的大拆大建，一片片多层和高层住宅、办公楼、商厦在老城区四周涌现，在北京严格的高度分区管控下，"努力地"向着老城内挤压，形成犬牙交错的格局。走在街巷里，看着这些断断续续的变化，既能唤起小时候的记忆，也让我常常思索城市的未来。当今"存量发展""城市更新"变成了被新闻媒体常常提及的说法。其实，城市一直在更新，像是一种"人造的生物"，不断地生长。

也许我们今天说的"城市更新"与以往"城市自身的更新"并不完全是一个意思。以前的更新是指城市中的"个体"，所谓"个体"不仅是个人，就城市而言，单位、工厂、企业也是一种形式的"个体"。他们（它们）都会按照自身生存发展的需求而进行自主的改扩建，虽然也要有政府的批准和规划部门的管控，但总体来说这种更新行为是自下而上的。而我们今天的城市转入"存量发展"的阶段，"城市更新"的推动基本上是自上而下由政府统筹推动的，所关注的当然也不会是之前"个体"的局部利益，而是更多地从城市整体利益出发，尤其对老城和既有建成区的人居环境的品质提升、公共空间和设施的保障、城市功能与空间布局的优化及风貌的协调等方面的综合考虑，视角完全不同。

作为建筑师，更作为北京的一个市民，我当然拥护这种具有整体视野、综合性的"城市更新"。北京经过三十年快速发展成为超大城市，在不断膨胀的同时也积攒下了不少毛病，尤其是老城区呈现出一种不断衰败的模样，也到了该下决心"治病"的时候了。为此政府也的确费了不少心，一届届领导试着用各种"药方"更新城市。作为一座历史都城，城市更新往往先从文物保护开始。被列为文物的重要建筑优先修缮，并划出保护范围，其内不准新建项目；之后是划定更大的历史街区整体保护，不许再大拆大建；再后来搞风貌整治，也曾用灰色涂料刷胡同描砖缝，这些年又收拾电箱空调、规范停车、取缔无序衍生的商铺、补墙封洞；再后来重点疏通老城水系，营造绿色滨水公共空间，结合疏解腾退政策，降低老城密度。更难的是推进传统平房片区的更新和治理，拆危房、修仿古合院；有不少建筑师参与其中，在大杂院的改造中设计了有趣的小微空间，为社区服务，也引来了一阵阵的网红热。凡此种种，显示出政府的努力和决心。

在赞赏和肯定的同时，也应观察和反思实际的效果。在僻静的老城胡同中穿街走巷，我也没闲着，不断思考，的确也发现了不少问题。有些胡同的秩序改善了，立面风貌似乎比较统一协调了，但透过门洞探身向内院望去，拥挤破败的棚屋还占据着小院儿，住在里面的本地人或外来人口似乎还在等着政府拆迁腾退的政策，希望谈个好价钱。再细看，原来空中墙头乱飞的电线少了一些，但变压器、配电箱和家家户户的空调室外机还挂在墙上，为了美观扣上的镂空金属罩子也往往锈迹斑斑，成了眼睛躲不开的丑物。设计展中曾经热闹一时的趣味搭建早已被晾在一边无人关注，没有成为百姓生活用得着的东西。彻底拆旧新建的四合院往往大门紧闭，有些一空置就是好几年。偶尔可见的小微艺术文化空间，也因巷子太深少有人气。而赫然立在平房片区的那些不同时代建的老旧多层住宅和办公小楼，以及一些闲置的大房子，也似乎因为产权复杂、收购困难，成了老城里搬不走、拆不动、改不了的一片片"疤痕"。看到这些景象，让我深深感到城市更新太难了，似乎还没有找到可持续的、有疗效的治病良方。

十年前，我们在中国建筑设计研究院办起了"中间思库暑期学坊"，每年让建筑师和同学们在短短二十天里一起聚焦城市更新问题。从选题到解题，从踏勘到设计，从分组讨论到专家公开课，每一期都取得了不错的成果，也对城市更新的诸多问题有了更清晰的观点和思路。其中担任导师之一的柴培根是我院一位优秀的、善于思考的建筑师。这几年因为项目的关系，他与城市更新结下了缘，扎扎实实地边设计边思考、边研究边设计，取得了一些实实在在的成果，得到了业主和领导的肯定和信任，也因此被邀请主持了更多的项目——从闲置多年的商厦到重要街道边的酒店，从平安大街的环境整治到结合平安里地铁站上盖的片区织补，从繁华商业街区中的文保建筑周边治理到位置极为重要的平房区改造——都面临着不同问题、不同挑战。要解决这些问题，不仅要有领导的支持和决策，也要与方方面面协调合作。他在这其中也不断地调整心态、学习同行经验、潜心思考，人也更加成熟和自信了。每次他碰到难点到我办公室找"方子"，也会把我带入到一种敬畏历史、关注生活、寻找精准而管用的设计构思的语境当中——平日的观察、儿时的记忆、网上的吐槽、百姓日常的生活智慧，都成了激发我想象的动力。为历史的文脉延续，为市民谋福利，为城市的未来更美好、更友善是我们工作的价值所在，值得用心，值得长久的陪伴。

柴总的这本书既是对之前工作的总结，也是日后工作的起点；既是自己针对北京老城的思考与实践，也对全国各地推动老城的更新有参考和借鉴意义。事实上，今天越来越多的建筑师、学者和学生们都已经走进老城街巷，去为城市的保护更新做实实在在的工作，已然形成了一种新的风气，令人欣喜。我想城市更新不仅让城市更好地、有序地演进，也让参与其中的建筑师和从业者们变得更理性、更积极、更坚韧，并一直坚守着美好的理想和信心。这是我对城市、对城市更新者们的期盼和想象。

让我们一起走进城市，去发现问题，去寻找思路。办法总比问题多……

2023 年 4 月 11 日于北京

序言 二

文／张杰

城市更新是未来中国城市发展的主题，在从增量开发到减量提质的背景下，每个城市在现实条件下，都面临着不同的具体问题。北京作为首都，既是历史文化名城，又是国际化大都市，经过三十年的高速发展，面临不少亟待解决的问题，尤其是老城如何保护、如何更新。随着《首都功能核心区控制性详细规划（街区层面 2018-2035 年）》和《北京城市更新专项规划》的颁布实施，老城的保护更新进入了一个新的阶段，正如《北京城市更新专项规划》总则所说，"北京的城市更新是千年古都的城市更新，是落实新时代首都城市战略定位的城市更新，是减量背景下的城市更新，是满足人民群众对美好生活需求的城市更新"。 这既是一种要求，也是大家的期盼。

近些年，在北京各处转转都能感受到城市从总体氛围到生活环境细节的变化，虽然问题还是不少，但能感受到从政府到社会、从专家到百姓的各方努力。之所以说努力，是因为真正深入到每一个更新项目中时，都能体会到工作所面临的难度和复杂性。在政策与市场、需求与权属、社会与个体之间，求得不同需求的平衡是一个艰难抉择的过程。更新项目一般都需要很长的设计过程，如何以一种陪伴式的责任心去面对各种不确定性，这些对参与其中的每一个人来说，不论是何种身份，都会有切身的感受。

中国建筑设计研究院（简称中国院）作为身处北京的央企大院，在北京的城市建设中扮演着重要的角色，从新中国成立初期到改革开放后，从 2008 年夏季奥运会到 2022 年冬季奥运会，从核心城区到通州副中心，都有中国院一代代建筑师完成的重要标志性建筑。这些年在落实新时期中央城市建设精神的工作中，作为央企的中国院依然肩负重任，尤其是在北京老城的更新实践中，我们越来越多地看到中国院的身影和担当。在崔愷院士和他倡导的本土设计理念的引领下，一批中国院的优秀建筑师不断成长，积极投身到一线实践中，而柴培根就是其中的佼佼者。在这本书中，我们看到他在北京核心区不同类型的更新项目中扎实的研究、思考和创造性的实践。我深切地感受到，一名大院建筑师在增量发展时代，逐渐从面对大项目的设计状态和习惯中进入到城市更新的语境，在设计方法上展示了新的理念和视野。正如他本人所言，这不仅是城市更新的参与过程，也是一个自我更新的过程。在这些项目中，柴总和他的团队都秉持务实的态度，深入到日常生活去细心观察，寻找问题。他们总是从历史的进程中去审视每一个项目所处的环境，将其视为动态演变的结果。他们对每个设计都深思熟虑，以研究的视角去理解地段，同时又以一个建筑师的角度去解决实际问题。我们欣喜地看到，研究与实践的结合让柴总在老城的保护更新工作中逐步形成了一些创造性的方法，在理论认识上也越来越成熟。我相信在未来的工作中，他也能够更加从容地面对新的难题，找到更恰当得体的办法。

城市更新是一个持续的过程，需要更多的人投入其中，带着对老城的敬畏和热爱，从身边环境的改善开始，一点点地去实现那些对美好生活的想象。北京的城市更新，不论作为首都，还是老城，都是千百万人生活之所系，既意义重大，也非常让人期待。

张杰

2023 年初夏于清华园

更新七题 ——北京老城核心区的实践与思考

引言

对于建筑师这个职业来说，在不同的项目中忙碌是个常态，尤其是作为大院的建筑师，一旦闲下来，似乎就意味着出了问题，忙一点倒是心安一些。在这种忙碌的状态下，有时也会沉下心写点东西，通过文字来梳理设计思路和体会，或者记录问题和困惑，这些文字大多是碎片化或片段化的，缺少主题和系统性，也没有太多叙事的企图，因此也没有奢望用"写作"的方式来看待这些内容。

近几年中国城市建设的方向有了一个转变，城市更新成为很多地区和城市未来发展的主题。从 2010 年开始，我在北京参与了不少城市更新的项目，这些项目的共同特点是周期长、问题多，设计过程中的偶然性和不确定性也经常超出建筑师掌控的范畴。面对这些问题，基于以往的经验很难找到答案，更主要的是有些时候不能说服自己。这种困扰让我不得不努力去摆脱以往熟悉的套路和固有的认知，并深入到现实的环境和琐碎的日常中，重新构建有关城市的一些基本概念。而在这个过程中我惊喜地发现，那些书本中原本抽象的名词和高深的理论，居然在面对这些具体问题时变得生动，且富有启发性。

因此，这些年围绕城市更新，尤其是北京老城的保护更新，持续的项目实践和研究思考，逐渐形成了一条脉络，让我想用"写作"的方式整理思路，追溯思想转变的过程，也希望以此为起点，更进一步地深入到老城的保护更新实践中。

何谓更新

如果从一个城市发展变迁的角度看，"更新"其实是随时都在发生的常态，只不过这些年有的"更新"动作很大，甚至全然不顾城市的传统与现实，而变成了粗放的开发或者大拆大建。另一方面，也有一些自发的、甚至是偶然的、不为人注意的"更新"在城市的角落悄悄地出现，又无声地消失了。在忙忙碌碌的生活中，很多人可能也无暇顾及这些身边环境的改变。

这些年随着中国高速城市化进程逐渐放慢脚步，城市更新在一个特定的时代背景下成为新时期城市发展的方向和政策指引，对于建筑师而言也是一个机会，让我们从大开发时代的兴奋和忙碌中冷静下来，转回头看看曾经被漠视的身边的城市，寻找不同的角度去审视现实的生活环境。

在高速城市化的阶段，我们参与的很多项目都是从一片空白的场地、一张宏大的规划图和一份描述功能需求的任务书开始的，而设计过程中甲方对于周期和利益的要求，或者政府部门对于规范政策的把控，抑或建筑师在专业视角下对于空间、形式、建造等概念趋于抽象的实践和表达，有时会导致无论在漂亮的图纸上，还是建成的项目中，很难真实地让人感受到那些原本我们都很熟悉的、生动亲切的生活景象。当建筑脱离了这些生活场景，空间形式之中也就缺少有温度的情感和记忆。

但这些年随着参与越来越多的城市更新工作，在设计过程中我们感受到一些不同和变化，城市更新的项目都是基于既有环境，从蕴含着时间痕迹和集体记忆的现场开始，从琐碎又具体的问题开始，如何融入到现实的场景之中，如何改善提升环境质量，如何培育更丰富生动的城市生活，这些问题从始至终都萦绕在脑海中，"设计"在城市更新的语境下更多是面对现实问题寻找出路的智慧和方法，而不再仅仅是为了完成一件作品。

在面对更新项目时，多样真实复杂的生活就在眼前，不论作为建筑师或是老百姓都无法回避，设计很自然地会从现场问题出发，从人们的日常生活出发，也与周边的城市生活形态密切相关。因此也要求建筑师关注基于日常生活的经验和常识，并在此基础上，分析判别身边生活环境的细节和问题。这也让我们在谈论建筑和城市的时候，从炫酷的造型和纯粹的空间、庄重的纪念性和夸张的标志性，回到现实的、不那么令人满意的城市中，以及那些基本的、具体的问题上，去思考职业的意义和价值。我想对于大多数建筑师而言这些道理原本应该是非常清晰朴素的，但似乎在相当长的一段时间里又是很模糊的，甚至被抛在脑后。伴随着城市从粗放开发到更新提质的过程，当这样的认识重新建立起来时，我既有些惊讶，同时也感到一丝坦然和踏实。

本书的主题是围绕近些年在北京老城的城市更新实践和研究，既是从一个建筑师的职业角度，也是基于一个本地人对于生活环境的情感和日常生活的体验。这里所说的北京老城从地理范围上具体就是指北京的东西城区。2017年9月，《北京城市总体规划（2016年-2035年）》提出：构建"一核一主一副、两轴多点一区"的城市空间结构，其中"一核"指首都功能核心区。核心区的范围也就是目前的东西城区。2020年8月，中共中央、国务院批复同意《首都功能核心区控制性详细规划（街区层面）（2018年—2035年）》。首都功能核心区的提出让北京城市发展进入了新的历史阶段，也提出了新的要求，明确了方向。北京作为中国第一个减量发展的大城市，城市更新成为未来发展的主题和重要理念。而核心区作为重点区域，存量更新建筑面积约 0.42 亿 m²，既要提升中央政务区环境，又要改善人居环境，老城复兴历史意义重大。

我在北京生活近三十年，从一个外地来的大学生变成本地人，目睹了城市的巨变，身在其中，既体会到发展给生活带来的改变，也为那些消失的记忆慨叹。

北京于我而言，已经不仅是一个城市，更像是家乡，这种情感和经历与城市的很多角落都结合在一起。作为建筑师，我在北京参与完成了近 30 个项目，这些项目从二环到五环，从核心区到通州区，有办公楼、商场和酒店，有居住区、教学楼和幼儿园，有公寓、交通枢纽和地铁站点，在我 1997 年走进设计院的时候，这几乎是无法想象的事情。通过这些项目，我和自己生活的这座城市之间形成了一种特殊的联系。这些项目的规模，总计建筑面积约 340 万 m^2，这个数字从侧面反映了过去高速发展的城市化进程。而今天北京已经进入了一个新的发展阶段，从增量到减量，从扩张到更新，作为建筑师亲历这样的过程和转变并参与其中，让我对城市发展的方式、方向和机制都有生动和直观的感受，也促使我思考这样一个过程，对于城市意味着什么，对于生活于其中的千百万市民意味着什么。

无论是作为普通市民还是建筑师，这些视角下的所思所感，不仅仅是反映中国当代城市发展过程中的承载个人情感的片段，也是一个建筑师最真实的个人经验，而且也只有基于这些经验才能形成一种更广泛地理解日常生活的常识，在工作中对于专业知识、规范标准、历史理论的理解和应用都不应该脱离这些最基本的常识。

上述种种认识的转变、思考的历程、生活的经历，形成了一种力量，最终促使我选择围绕老城更新这一主题，并以此为线索去梳理记录关于城市和建筑的记忆。于我而言这个过程也许不能称之为写作，依然像是在完成一个设计，只不过是借助书写的方式，让设计以文字的形式重新构建起想象与现实的关系。

北京的更新

城市更新的定义在不同的国家、不同城市、不同的发展阶段，都有各不相同的描述。每个城市也同样因为历史和现实的诸多差异，在城市更新的语境下会面对不同的挑战和难题。比如北上广深这些大城市，在政府文件上，对于城市更新都有结合各自城市发展问题的表述。2021 年 5 月颁布的《北京市人民政府关于实施城市更新行动的指导意见》中对于城市更新有这样的描述：**"城市更新主要是指对城市建成区（规划基本实现的地区）城市空间形态和城市功能的持续完善和优化调整，是小规模渐进式可持续的更新。"**

虽然只是短短的一句话，但结合实践我们能体会到其背后隐含的对于城市的价值判断的转变。从土地经济对开发用地的关注转向对**建成区或者说既有环境**的关注，意味着城市发展不再是简单粗暴的征地拆除建设的方式，而是要在现状的基础上谋划未来的发展，解决现实问题。这不仅是城市发展模式的转变，在建成区的基础上讨论问题表达了一种对于"过去"的接纳和继承的态度，因此生活于其中的人们的情感和记忆也得到了保护和尊重。

该描述既关注**空间形态**，也强调**城市功能**。既有建成区的城市功能不仅是指产业与业态，同时也指向城市生活的具体内容，或者说围绕人的需求产生的城市形态，相较于以往城市规划对于功能分区的讨论，这里更多突出了主体"人"。生活的参差多样既是城市魅力的展现，也反映了城市作为有机体自然演变的状态，这样一种状态事实上很难被主动操控与设计，而是需要尊重和培育的。生活与环境是一种基于日常的紧密连接的关系，更新是以既有环境为前提，也就是现实生活环境，在更新的语境下，规划设计不再是孤立地制造环境，也不能仅仅把市场的利益最大化作为目标，很多更新项目中无法忽略的是那些已经扎根于场地中的具体又普通的人的生活，我们显然不能去设计或左右这些生活内容，从改善环境的角度而言，设计其实是被生活评判的，也应该是被其引导的。

"小规模"而不是"大开发"，就会深入到城市的细节中，从城市宏大的叙事转向具体而微的生活场景，从快速的扩张转向审慎的发展，才能有机会做出更加多样和灵活的选择，这也是对于具体的日常生活形态的维护和培育。"小规模"就有机会在城市中关注到更多的个体。以往高速城市化进程虽然在很大程度上解决了人们的基本生活保障，但却无暇顾及具体的个人，或者说从人文关怀的角度，城市对于个人而言并不友好。而今天在城市更新的语境下，个人的经验和感受逐渐受到关注，普遍意义的改善和多样的个体需求之间逐渐达成平衡。个体生活细节不断充实着新的生活方式和生活场景，城市也为多样需求的满足提供了更多可能性，城市的复杂性和亲和度也有机会因为"小规模"和对更多个体的关照而呈现出来。

"渐进式"而不是"跨越式"，就有机会在一个连续的城市发展进程中不断修正发展的方向，城市的年轮有一个逐渐形成的过程，城市的环境也能在人们熟悉的情形下不断改善和演变。渐进式的发展需要以高质量为前提，更高的质量才能让渐进式有一个坚实的基础。相较于粗放赶工、追求扩张的时期，今天更多的关注点回归到建造的基本问题上，越来越多的设计从那些表面的、夸张的形式风格转向真实的、朴素的、适用理性的技术表现。伴随着城市公共环境质量的提升，行走于城市中的人也能更多地感受到被关照。

"可持续"而不是"一次性"，就是给未来留下空白，不仅是从环境可持续的角度而言倡导绿色低碳的发展理念，也要从城市可持续的角度，摆脱因资本逐利而形成的对速度的执着，才能让时间发挥作用，人们才有机会认真地审视自己的生活环境，善待城市的记忆。这也提示我们要有一个更为开阔的历史视野去审视眼前的问题，寻找不同的可能性。同时也要有耐心去等待城市自然地发生改变，让城市的底色一点点沉淀下来。

对北京城市更新定义的解读也让我们意识到，城市建设不能再用一种革命的态度去进行，城市的发展不是打破旧世界、建立新世界的方式。今天的中国已经成为一个大国，经过近三十年的高速发展，城市化进程取得巨大进步，我们下一阶段必然要面对、也必须继承之前的现实和成果，在此基础上修正问题、改善环境、提升质量，应该以一种自信的姿态把国家建设的历程展现出来，积累当代文化的痕迹，传承传统文化的价值。应反对偏激的或者激进的城市建设思维，回到日常生活的常识中，尊重大多数人对于环境的情感，让城市自然而然地发生变化。

这个定义也进一步提示我们思考在城市更新的语境下，如何看待建筑与城市之间的关系，建筑应该反映既有环境的现实问题，并以此作为设计的出发点，**"只要建筑物或形式不是空想或抽象的，而是从城市特定的问题中发展而来，那么它就会通过自身的风格形式和多种变形来延续和表现这些问题。建筑与城市组成了基本的集合建筑体，城市从这些集合体中获得自身的特征形象"**。[1] 什么是特定的城市问题？尤其是面对当代中国城市，对这些问题的感知和判断不只是在一个宏大的历史叙事中，更要深入到城市日常生活的经验和常识中。

从直观的表象看，城市更新是对高速增量城市发展阶段的修正，城市不能再在资本和利益的驱动下一味地追求高速扩张，而是要回到城市的本质，为人创造更好的生活环境。在更深层上看，城市更新的提出也在城市发展的价值判断或者说价值观层面，指向了新的方向。更新不只是空间环境和生活形态层面，同样也深刻地影响社会治理的机制，以及人们对于美好生活标准的理解。过去在高速发展的阶段，不论政府还是市民，不论开发商还是投资客，都渴望着日新月异的变化，追逐着新奇的体验，而无暇照顾眼前的环境和生活，更不用说过去的记忆和历史文脉，大量的老城被毫不留情地抛弃。而近些年城市更新的理念日益为政府和百姓接受，老城变成了乡愁的载体，历史成为文化的见证，城市记忆转变为带有温度的地方场所，人们原本一味地投向未来的目光，现如今也会时常关注审视过往的记忆和场所。

更新中的文化与文明

德国学者埃利亚斯（Norbert Elias，1897-1990）对于文明与文化这两个概念的辨析和探究，对于我理解老城更新的本质很有启发。他在《文明的进程》这本书中，从社会学的角度探讨人类社会演进过程中的文明进程。开篇他借助分析法语中"文明"的含义与德语中"文化"的含义之间的差异，来说明在不同民族国家发展的历史中"文明"的产生和影响。进而概括了两个概念的特征，"文明"使各民族之间的差异有某种程度的减少，因为它强调的是人类共同的东西。"文明"是一个过程，它所指的内容，是始终在变化、在前进的东西。因此"文明"有让不同族群趋同的力量，它带有扩张和殖民的倾向。与之相反，"文化"是已经存在的人的精神和物质财富的总和。"文化"强调的是民族的差异和群体特征，表现的是一个民族的自我意识。对于一个族群而言，"文化"是某种生活于其中、天然就能体会到、并产生影响的内容，"文化"是沉淀与积累的结果，有某种稳定的延续性和固守的保守性。[2]

如果在这个理解的基础上，在"文明"的前面加上"现代"，在"文化"的前面加上"传统"，那么现代文明和传统文化的关系，就是我们在北京老城更新工作中面对的最为核心的问题了。时代在发展，无论是从安全健康卫生的角度，还是以保温节能低碳的标准，老城都不能拒绝现代文明的进程，唯此才有"活"下去的可能，而不是走进博物馆成为展品。另一方面，老城作为记录承载传统文化的载体，其空间结构、历史肌理、传统风貌和纪念物，以及附着于其中的城市氛围和记忆，也在更新发展的过程中，要被审慎地分辨、认真地保护好。在老城我们能随时看到现代文明与传统文化的碰撞冲突的痕迹，也越发意识到这些痕迹所展现的覆盖、叠加、混合的进程，这不是一个有清晰意图的人为操作的进程，在时间的作用下有些城市形态已经融合演变为某种无法分辨、不能分离的状态。我们不能轻易打破这样的进程，更好的选择也许是尊重已经形成的关系和连续性，把城市放到一个更长的时间维度和历史进程中，去审视我们今天面对的问题。

弗兰姆普敦（Kenneth Frampton，1930- ）在对批判的地域主义的描述中，也谈到文化与文明的关系，他的观点是文化内在的发展要依赖于与其他文化的交融，因此地域文化在今天更要成为世界文化的地方性折射。**"我们应该把地域文化看作一种不是给定的、相对固定的事物，而恰恰相反，地域文化必须是能够自我培植的"**。[3]所谓自我培植也就意味着一种成长与发展，换言之地域文化应该是动态的，不断变化的，适应时代发展需求的，这也是地域文化对当代社会产生影响并融入到日常生活之中的必要前提。这种开放的姿态也是传统文化在现代社会获得新生、展现特殊性的必要前提。

今天强调传统文化，更多针对的是现代城市发展过程中，因为追求速度效率和利益而出现的一种简单化标准化而且具有排他性的趋势，以及对于地方特征的侵蚀与破坏，甚至是摧毁。如何保护地域特征、尊重每个区域的传统文化，成为对抗这种现代文明无度扩张的手段，我们要树立文化自信，首要的基础就是要从梳理维护传统文化的角度，本着尊重珍视的态度去审视我们眼前的生活环境。

北京既是历史文化名城，也是国际化的大都市，现代文明的发展与传统文化的积淀在北京，尤其是在老城，仔细观察会发现这两者之间冲突、碰撞、融合的多样状态。面向未来的现代文明，体现了人类社会不断探索世界、改变自身生活环境的努力，也切实改善了生存条件和质量，提高了生产效率，让更多人享有健康安全卫生的生活。承载历史的传统文化，基于民族和地域的特征，记录着时代的印迹，塑造了一个地域的结构化的社会环境，成为人们共同的情感基础，而老城就是传统文化的物质实存和见证。在老城保护更新的历史进程中，我们相信城市发展的愿景既不是单一维度地追求现代文明，也不是封闭静止地固守传统文化，而是要"在普遍的文明和规则中，守护好独特的文化和传统"①。

从空间到地方

　　城市是一个复杂的、多维系统交织的整体。从源起到兴盛，从兴盛到衰落，又从衰败走向复兴，在这样往复更迭的历史进程中，城市的特征和魅力沉淀下来，那些转换了用途的场所、改变了功能的建筑，在更长的生命周期里，带着过去的特征，讲述着今天的故事，为城市增添了可以阅读的厚度，城市发展过程由此也与人们的生活和情感紧密地交织在一起。

　　罗西（Aldo Rossi，1931-1997）曾谈到要在建筑物与情感组成的结构中叙述城市，这种结构超越了任何空想或形式主义的城市观念。事实上我们在每一个老城更新项目的设计之初，都会梳理场地周边环境的历史沿革，以及其不同历史时期的典型状态，然后在分析这个演变的过程中，去寻找或想象这片场地里的曾经的生活场景。我们很自然地就会思考这些变化是如何发生的，是什么样的力量和原因促使城市一步一步地呈现出今天的所见。也由此理解在更新的过程中，设计不是凭空而来的创新，而是要还原并尊重一个区域的历史进程，去建立起过去与今天的联系，恰恰是在这种联系中，情感自然地浮现出来。

　　在老城保护更新的工作中，我们也特别深刻地体会到需要建立与城市的情感上的联系，老城不只是首都、历史文化名城，更是我们关切热爱熟悉的地方，对城市的观察和研究都与在这里的生活体验和记忆交织在一起，而我们身在其中，也最直接地感受到每个项目是经历什么样的过程才能出现在城市中，如何影响改变一个地方的环境，又以什么方式最终融入到那些平常普通的日子里。这些经验让我们明白，只有在四季的变化中，在阳光明媚的早晨，在风雨交加的夜晚，在日复一日的普通平常的日子里，才能真正建立起对于所谓地方性的理解。"地方"中饱含真挚而具体的情感，它可能就在我们回家的一条街道上、生活的一栋房子里、路过的一棵大树下，又或是在春天的一片花园中。

　　通常我们会把"空间"理解为设计要去面对和处理的核心问题，空间可以用具体的数据，诸如长度、宽度、高度、面积、体积等去描述，也可以用形态、层次、边界、尺度、材料去分析，在很多项目的设计过程中，作为建筑师谈到空间时，往往更多指向功能和使用状态，或是一种基于类型和经典的理性客观的解读，以及带有某种表现性的体验。而在老城更新的工作中，当以情感作为重要的因素，并渗透进空间中时，"地方"的概念就浮现出来，我们借用人文地理学中有关"地方"概念的讨论，可以更好地理解老城更新指向的未来生活环境的状态。

　　美国人文地理学家蒂姆·克雷斯韦尔（Tim Cresswell，1965- ）曾谈到，空间与时间一样，是某种生活的事实、构成人类生活的基本坐标。[4] 赋予空间以意义使之成为地方，地方与人以及人类制造和消费意义的能力有关。当人们将意义投射到空间中，然后使之以某种方式依附于其上，"空间"就变成了"地方"。大卫·哈维（David Harvey，1935— ）在谈到地方性时引用巴什拉（Gaston Bachelard，1884-1962）《空间诗学》的段落，如此描述地方的定义：**"地方**

是具有历史意义的空间，在那里，某些事情发生了，今天仍然被铭记，它们在代际之间提供了连续性和统一性，地方是产生重要话语的空间，这些话语建立了身份，定义了责任，预想了命运。地方是这样一种空间，在其中，我们交换誓言，做出承诺并提出要求。"

如果从"地方"的角度去理解老城，我们就能更真切地意识到老城保护更新过程中，更加着重维护的是什么，从老城到核心区，从皇城到宫城，一步步深入到一条轴线、一座院落、一条胡同、一个路口，在不同的人群和个体的生活印记之中，在每一年老城的岁月流转之中，以高度复合、多维交织、错综复杂的方式叠加混合在一起，产生了有关北京的"乡愁"。对于故土乡愁的解读，是颇具浪漫色彩的感性的描述，换句话说"乡愁"就是凝结在"地方"之中的感觉和记忆。但另一方面，作为首都，作为展现现代中国的发展成果的窗口，在老城的肌理中包含的又不仅仅是乡愁，还应该有符合现代文明标准的高质量的生活场景，这些生活场景以及背后潜藏的力量，也会逐渐融入到"地方"之中，形成一种既与历史连接、又与外界保持开放的叠合状态。

从另一个角度看，我们身处一个高速发展变化的时代，很多人被时代的力量裹挟推动，在面对日新月异的变化时，也会更加怀念那些孕育于"地方"之中的祥和宁静的状态，以及由此构成的稳定性和安全感，"地方"似乎成为一种应对发展的消费主义时代的反动，甚至是一种逃避。作为建筑师在大量的职业训练中，我们已经学会了一套非常熟练的方法，可以迅速地获得有关地方的抽象的知识和信息，并且基于此去概括提炼一个地方的特征，并在具体的环境中去辨别区分这些特征的品质，这有点像是一个置身事外或者说高高在上的、冷静的旁观者，用快速高效的解读方式指向了一种肤浅的地方感，也很容易导向某种风格化，甚至是旅游化的特征，把"地方"变成消费主义的牺牲品。维护或塑造这样的地方特征显然和我们期待的真实的城市生活相去甚远，所以地理学家段义孚谈到要形成对"地方"的感觉，是需要比较长的时间，要在日复一日重复的、转瞬即逝且平淡无奇的经验中慢慢形成。可能这也是唯一的路径，让我们摆脱那些标签式的、静止的、空洞的对于"地方"的认识。

进化还是演变

2019年在改造完成的新隆福大厦举办了以"城市的进化"为主题、围绕城市更新实践的展览和讨论活动，崔愷院士尤其强调了进化与更新的区别，"**如果说城市更新描述的是一种表象的物理状态，那么城市的进化展示的是一种自内向外的生物现象**"。这是一种理解城市形成和演变的角度，随着城市规模的日益扩大，从某一维度出发，人为地对于城市发展的干预或操控已经越来越难形成直接的反馈，城市也表现出有机体的特征，把城市拆解为不同的层面进行规划调控的方式似乎也和城市生活的现实之间逐渐脱节。

从有机体的角度出发，我们理解"城市的进化"有两层含义。一是**自主性**，城市作为一个整体，在发展过程中受到各种因素错综复杂的影响，类比于有机体对环境变化作出的与之相适应的变化和反馈，城市也会不断调整自身回应时代的特征。在这些年持续参与城市更新项目的过程中，我们能感受到政府、甲方、设计师、使用方、市民都在以不同的方式施加对项目的影响，最终的状态不是任何一方主导，或者说能够控制的。在这个过程中，城市似乎有一种自主意识，把项目推向某一种合理的形态。越是在错综复杂的现实环境中，我们就越能体会到这种自主意识的作用。而这种意识至少一定程度上体现在现场长期沉淀下来某种稳定的城市结构中。

二是**延续性**，进化的定义在生物学中是指种群里的遗传性状在世代之间的变化，这种变化是一种基于对环境的适应所作出的自主性的调整，所谓遗传性状是指基因的表现。在进化中基因的表现是非常重要的，如果说城市的自主意识沉淀在某种稳定的城市结构中，那么这种结构可以说就是城市的基因。在有些项目实践中，我们努力去挖掘所谓的经久性元素，其实就是试图去理解基因的显性表现。传统或者说地方性就是依托于这种基因的传续，当然如果还要考虑文化的、族群的基因，那就是更复杂的社会问题了。

王人博教授在分析中国近代社会发展的问题时，曾就源自进化论的社会达尔文主义价值观进行了反思："进化之于生物界，便是优胜劣汰，物竞天择，适者生存，由此也形成了生物由简单到复杂、由低级到高级的进化史。然而生物界不存在价值问题，所谓简单复杂低级高级，只是就机体的构造而言，所谓进退优劣，只是就机体的演化和与环境的关系而言，这里只有时间上的序列，没有价值上的褒贬。但由于价值因人与社会而生，时间与价值在社会中形成了复杂的关系，很难用生物界的时间性概念简单判定人类社会文明是越古老越好，还是越现代越好。"[5] 对于城市而言，我们也没有必要站在今天的立场上，去判别当代的城市更好，还是古代的城市更优，或者说这种价值判断对于解决当代城市的问题并无意义。在不同的社会机制和世俗伦理下生活着不同的人，价值判断显然不能是简单线性的，也许"演化"是更适合用来描述有机体的。所以如果把城市看作有机体，那么必然要讨论的特征除了自主性和延续性以外，还应该有**多样性、复杂性和偶然性**。

今天大家已经认同城市生活的多样性是产生城市活力的基础，城市更新就是要倡导一种尊重培植多样性的态度，城市生活需要多元融合人的多样性，从而形成公共生活形态的多样性，而城市的历史积淀也会不断丰富城市基因的多样性。今天日渐趋同的很多城市场景，也提醒我们要警惕那些简单化和标准化的力量，以及消费主义催生的符号席卷各个角落的趋势。

偶然性意味着不可控，但我们的理性总是在试图理解、认知、解释之后，控制事物的状态。对于城市而言这将是可怕的，也是无望的努力。几千万人生活在一座城市中，大量交织的人群不可能以机械化的方式运转，也不可能过着精确设定的生活，人的情感变化更加催生了偶然事件的产生。这需要我们在接受不可控的同时，重新建立对秩序的理解。城市更新工作中的秩序不是一种表面的、依赖于形式语言、空间序列和材料构造的秩序，而是"一种隐藏在真实的社会进程中的某种一致性、连续性和确定性"。充满未知想象的生活不同于被给定的安排好的生活，其中的不确定性既是问题也是魅力。

在多样性和偶然性的前提下，复杂性成为必然。城市的复杂性不是由系统数量简单地叠加形成的，当我们把城市分解为建筑、景观、交通、市政等不同的系统去进行描述和分析的时候，孤立的系统虽然更容易让人把握其中的问题，但存在于系统之间的复杂性就消失了，与此同时城市的生机和魅力也在分解的系统中随之消退。似乎只有在一个整体之中，让各个系统的边界模糊起来，才能产生制造复杂性的机制。就像有机体被分解为片段就会失去生命与活力一样，对于城市问题的认识也只有回到交互关联的整体中，才有机会了解真相。

多义的更新实践

中国城市化进程中千城一面曾经是个突出的问题，而城市更新更贴近日常生活，尊重城市发展的历史和现实，积极回应地方的生活习惯和自然环境特征，因此城市更新往往是一城一策、一事一议，针对的都是现实的具体问题。

在每一个更新项目实践中，我都能感受到现场的不确定性、设计过程中的偶然性、环境的多样性以及不同的可能性。因此在本书的编写过程中，我也时刻提醒自己，围绕城市更新的表述，不要试图去从宏观或总体的层面总结经验、构建体系或标准，而是要从前期研究的体会中、设计过程的困惑中、实施建造的变化中、投入使用的问题中，真诚地挖掘寻找每个项目真实的体会，这些碎片化内容也许恰好消解了系统的陈述和总体的企图。

另外在内容的编排上，也尽量避免以一种表现作品的方式展开，而是强化了对于每个项目在更新之前所处环境和问题的描述，也希望借此将城市不同发展阶段的真实状态记录下来。再者也补充了对项目投入使用后的情况和问题的呈现，使用中的变化和调整往往更能反映现实生活的面貌。

我想这样一种叙述的方式也许更接近城市更新作为一个不断变化的、复杂多样的、动态过程的本质。在一个连续的时间线上展开叙述，也能让人感受到项目与环境之间更真实的联系和演变，既是对不同阶段城市面貌的记录，也是对未来发展可能性的探寻。

本书分两个部分，第一部分是围绕七个老城更新的项目，这七个项目有在紧邻二环路的老厂区里，随着厂区功能的调整，对空置厂房原翻原建的旧建筑改造；有单位大院儿在新的时期寻求发展空间，同时又要妥善处理周边既有街区邻里关系的有机更新；有针对因大火而萧条、落寞十余年的隆福寺历史街区复兴；有在王府井大街北段，把已经停业的宾馆转型为适应核心区功能定位的金融办公的低效楼宇再利用；有对位于老城北部、东西穿城的交通干道平安大街西城段的街道环境整治提升；有南北穿越老城的地铁19号线平安里站一体化设计对周边老城片区，结合微中心的织补；有在鼓楼脚下、鼓西大街起点临街杂院的院落再生。这些项目类型各异，规模尺度各不同，分布在老城不同的区域，每个项目都反映了老城更新要面对的现实问题和真实的需求。

这七个项目的各异体现不同的方面，在尺度上，有3.5km长的线性街区，有近五万m²，嵌入老城的庞大体量，也有不到500m²的小院儿，无论大小长短，高矮上下，城市历史的意味都渗透其间；在周期上，有持续八年、逐步落实、不断修正的陪伴式设计，有资金落实到位、政府全力推进的快节奏设计，或慢或快，或是焦虑的等待，或是艰苦的沟通，都成为与项目相伴的记忆；在类型上，有建筑，有院落，有街道，有地铁站点，有历史街区，不同的地点和场景都是日常生活中熟悉的画面，都和百姓生活息息相关；在推动项目的主体上，有政府，有国企，有民企，也有市民，不同的立场、责任和需求，都体现在项目最终落地实施的过程中。每一个项目都面临不同的现实问题，但我们都是从城市观察入手，以研究为基础，努力建立起对于项目周边城市区域的理解，基于日常生活场景，构建或改善城市环境关系。这些项目特征上的差异，一方面真实地记录了老城保护更新过程中，面对的现实问题和困难。另一方面，也让我们对于参与老城保护更新的工作，形成了更为生动真实的认知和理解。

本书的第二部分是基于中国院从2014年开始主办的"中间思库暑期学坊"活动，从2014年至今，除了因为疫情原因停办了一届之外，已经持续举办了八届。这八届的选题都是围绕北京的城市更新问题，既有结合实际项目、更多角度和更大范围的研究，也有针对城市痛点或现实问题的思考。本书选择了其中部分内容，结合选题主旨、课程设计的作业成果，以及每年对于课题的总结，从一种理想的、甚至是畅想的视角，去描绘城市景象，作为与实践项目的对比。

在日趋忙碌实践中，问题和困惑通常是越来越多，很多问题不会因为项目完成就能解决，总会不时浮现在脑海中，成为面对下一个项目的困扰。对于这样的困境，只有通过研究才能更深入地理解其背后的含义，才有机会找到不同的出路和可能性，也时刻提醒自己不要把设计工作变成一种脱离思考的简单重复或经验积累。中间思库教学活动，让我在工作中更进一步地把研究独立出来，在一段集中的时间里，结合公开课和教学活动，强化一种研究的状态，也逐步形成习惯。对于更新这个命题而言，尤其重要的是基于研究的实践。

对于每一届参与活动的同学来说，三周的工作营，周期短节奏快，可能只是借着这样一个活动，对于城市更新有一个初步的认识，或者说能有一点概念和兴趣。但对于我们这些作为导师参与其中的实践建筑师而言，每一年从选题讨论开始，到围绕选题准备导师课、三周紧张的课程设计指导，直到学坊结业后的总结和反思，年复一年已经成为我们某种生活中的节奏。在这八年的时间里，这件事给了我们一个很好的机会，从繁忙琐碎的日常工作中抽身出来，换一个身份和角度，重新去看看我们生活的城市，还有哪些被我们漠视的角落；让我们重新去审视被设计周期和各种条件限制的项目，还有哪些新的可能。八年的时间不算长，但已经让我们看到城市不同区域的转变，中间思库活动也记录了城市发展转型的脚步，尤其是城市更新是一个持续的过程，更是要在坚持的时间线索中，才能看清其价值和方向。在这个过程中，更新是一种理解城市发展演变的方式，而不只是一个时期的政策，也逐渐引导我们以不同的态度去思考城市问题。

无论是有关城市更新的实践还是研究，都让我们回到真实的城市环境中，深入到曾经视而不见的日常生活中，从身边的街道、房屋、树木、公园开始，关注城市中来来往往的陌生人，细心体会周边环境加诸于我们的体验，留意其间的变化。当我们抱着这样的态度走上街头的时候，仿佛城市也会揭开面纱，把它的另一副面容展现出来。

"人们似乎已经忘记了是可以去爱自己的生活环境的，城市之美以及生活环境之美是需要在关注的目光中慢慢获得的，也只有以自己的家园为骄傲的人才会去关注自己的城市。现在是时候坐下来，用一种历史性的视角，重新去认识我们的城镇和社区成长的过程与方式了。"[6]

参考文献

[1] 阿尔多·罗西. 城市建筑学 [M]. 黄士钧，译. 刘先觉，校. 北京：中国建筑工业出版社，2006.
[2] 诺贝特·埃利亚斯. 文明的进程 [M]. 王佩莉，袁志英，译. 上海：上海译文出版社，2018.
[3] 肯尼斯·弗兰姆普敦. 现代建筑：一部批判的历史 [M]. 张钦楠，等，译. 北京：生活·读书·新知三联出版社，2004.
[4] Tim Cresswell. 地方：记忆、想象与认同 [M]. 徐苔玲，王志弘，译. 台北：群学出版有限公司，2006.
[5] 王人博. 1840 年以来的中国 [M]. 北京：九州出版社，2020.
[6] 阵内秀信. 东京的空间人类学 [M]. 刘东洋，郭屹民，译. 北京：中国建筑工业出版社，2019.

注释

① 观点引自历史学家葛兆光关于"文化"与"文明"的论述。

目　录

实　践

研　究

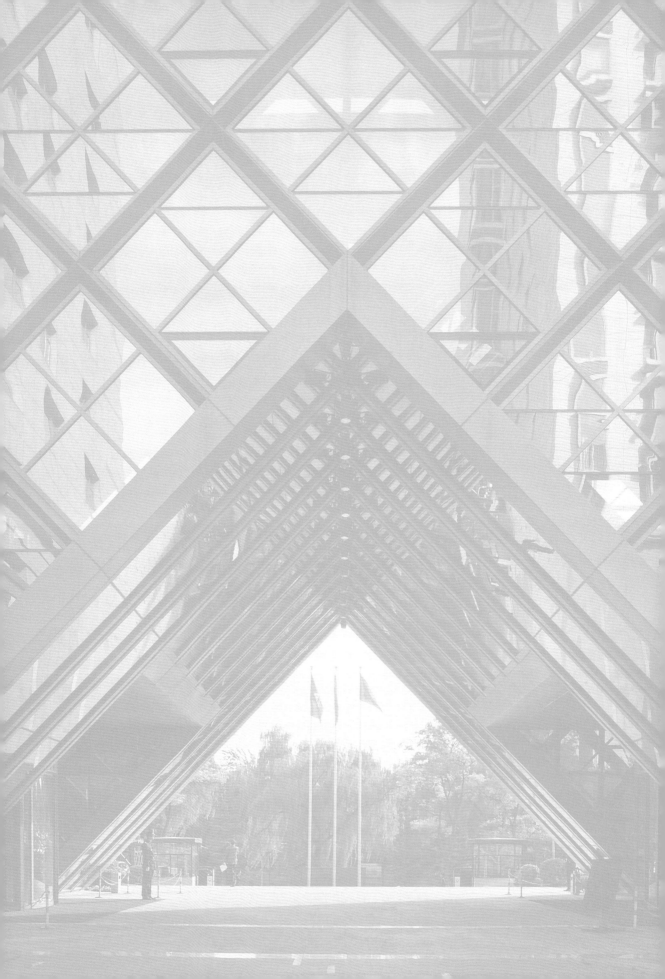

壹

城市界面的整合

001—015

神华大厦改造

设计时间：2006 年

建成时间：2010 年

项目规模：53133m²

地　　点：北京市东城区西浜河路

神华大厦改造可以说是我最早接触的城市更新类项目，尽管当时的更新还没有成为一种城市发展的策略和方向，但心里还是有一种朴素的城市更新意识，那就是设计应该从环境分析入手，要处理好与周边既有建筑的关系。项目起始于对于原北京仪器仪表厂区内最后一栋业务用房的改造，厂区紧邻北二环，靠近中轴线，随着城市的发展，生产逐渐转移，厂区用地开发建设了住宅楼、办公楼和酒店，不同的建设年代的特征和不同的功能特征都混杂在一片场地中。最初业主方的想法仅仅是针对老楼进行原翻原建，但我们希望设计工作不止于此，而是能借着这次改造的机会，给整个区域塑造一个相对统一的面貌，而不是在原本风格混杂的园区内再添上一副新面孔。

　　北京二环路一线是基于历史上的内外城的城墙定位，过去的城墙是一道封闭的边界，今天的二环路虽然没有阻断城市空间，但依然像是一道开放的边界，二环路连同辅路把两侧的城市空间清晰地切割开。高架桥、下穿路、平交环岛，穿过二环路对于大多数步行的人而言，还不是那么轻松。北二环一线不同于东西南三个方向，其他路段两侧都有现代建筑体量跨越二环内外，而只有北二环一线，除了临近中轴线路段，二环外的办公楼住宅区已经形成了连续的城市界面，而二环内就是传统四合院保护片区，内外城市尺度和风貌形成强烈的对比。如果从这样的城市空间结构出发，认识神华大厦的建设场地以及与二环路的关系，这一区域未来的更新还有更大的想象空间。

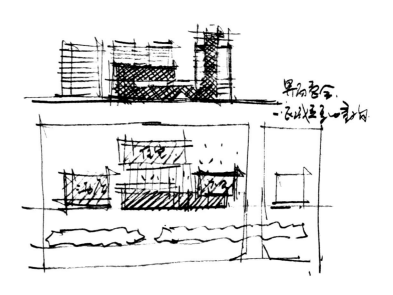

厂区的瓦解

2005 年的北京，大街上奔跑着红色富康出租车，护城河是干涸的，在不那么透亮的空气中，神华大厦老楼顶着绿色大屋顶矗立在北二环，旁边的汉华饭店则"挺着大肚"，它俩之间的低矮建筑是一栋即将废弃的科研楼——北京仪器仪表大厦，北侧被冠以"皇脉水岸府邸"的高层住宅在以万元的价格热卖……在迎接 2008 奥运的氛围中，北京城迎来了一波城市建设的高峰，神华集团也启动了这栋总部办公楼的改扩建计划。

这片原属北京仪器仪表工业总公司的场地在改革开放之后经历了翻天覆地的变化，原有厂区的用地逐步被切割出售用于商业开发。神华大厦在 1990 年代建成，21 世纪伊始那些高层住宅和酒店则迅速填满了其他空地，只留下了仪器仪表大厦这样一栋仍有年代感的旧建筑。神华集团将其购下，希望改造为自用的办公楼，但建于 1980 年代的老楼只有 3.4m 的层高和一层地下室，无法满足一家现代企业对办公空间的要求。老楼的结局只有被拆除，在原址上重建一座现代化的办公楼就成为我们的设计任务。

建筑师在城市中的工作都被限定在不同范围的地界之中，我们称之为"红线"，但在实际工作中设计的大多因素都来自"红线"以外，一条条生硬呆板的红线把城市切割得四分五裂。作为建筑师的我们期待以自己的工作来让这条画在图纸上的"红线"消失在我们身边的城市中，让环境更和谐，让建筑之间的关系更积极。

中国发展的速度让世界瞩目，让国人自豪，不但经济发展如此，城市建设更加甚之。面对城市飞速的发展变化，很多问题来不及让我们思考。在经历了城市发展初期的兴奋和新鲜之后，很多问题慢慢地浮现出来。速度纵然给人带来快感，但只有时间的历练和沉淀才能真正赋予一个城市特定的文化气氛和个性。

用地的现场充分反映了这两个问题所带来的矛盾。城市的发展让仪器仪表厂搬了家，工厂在不同的时期把土地卖给了不同的业主，业主依据个人利益的需要建设不同的项目，不同项目的建筑师又结合当时的流行风格设计了表情各异的建筑，而这一过程也不过发生在不到 20 年的时间中。留给我们的问题是如何在拥挤的场地中面对神华大厦（办公）、中景濠庭（住宅）、汉华国际饭店（酒店）这三个庞大的体量，如何不再给已经混乱的现场添上更多的麻烦；如何让这一街区的城市界面能有一个相对明确的表情；如何满足业主对一个迈向世界 500 强企业的建筑形象要求。我们的设计工作就是从整理现场复杂的关系中辗转腾挪，慢慢开始的。

改造前原仪器仪表大楼和神华大厦老楼沿护城河及二环路街景 (2005)

区域航拍图对比 (左图 :2001;右图 :2006)

五年时间，原来空荡的厂区空地已被高层住宅和酒店填满。红色线框为本次改造的原仪器仪表大厦和神华大厦老楼所在区域。

整合城市界面

　　在现有的基地条件下，由于受到高度和长度的制约，建筑既不易形成标志性，又很难与神华大厦建立恰当的联系。我们将新建建筑沿二环路方向延展至神华大厦南侧，这一策略为我们以后的尝试创造了机会，也奠定了基础。

　　沿二环路的建筑由于在不同时期建造，建筑退让道路红线的距离也各不相同。进进出出的建筑扭曲了城市界面的表情，我们将新建的办公楼边界在原仪器仪表大厦的基础上南移，并与两侧建筑边界对齐。这样，零乱的城市界面渐渐完整起来。

　　将老楼向南侧扩建，是我们进一步的尝试。扩建强化了新老建筑的联系，也符合了业主的意图，这使新建的神华股份办公楼与神华集团老楼的关系变得饶有趣味，也使南侧城市界面更趋于完整。

　　画龙需点睛，我们将建筑局部向南侧出挑，出挑部分伸向了基地南侧的城市绿带，形成了二环路上的视觉焦点。

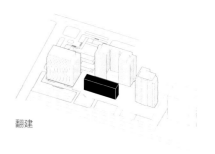

翻建

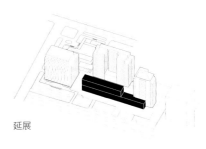

延展

整合

在将原有多层老楼翻建的过程中，向东侧延展建筑界面，并向上整合既有高层塔楼，最终以一个连续的动作完成了设计。

改造后沿北二环立面

连续的延展性和相同单元的相
似性都在回应城墙的某一种特
征，在这个盘旋曲折的过程中
希望尽量拉长、整合周边地块
的界面。

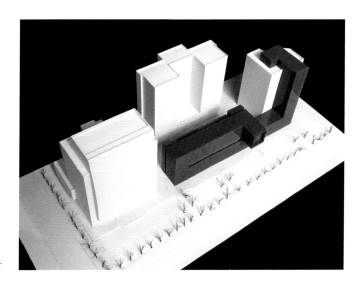

模型照片

南立面局部

建筑局部向南出挑，形成面向
二环路的视觉焦点。

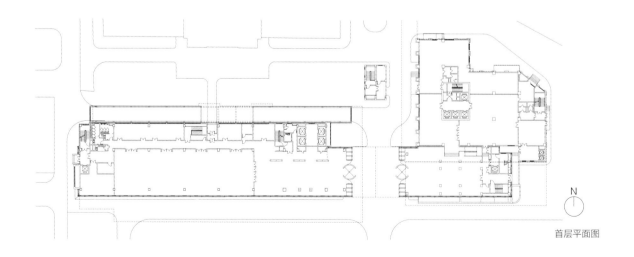

N

首层平面图

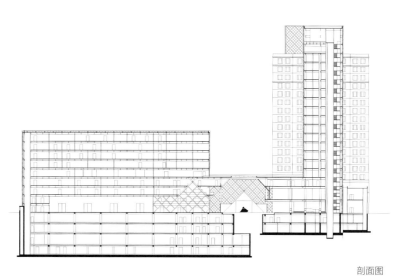

剖面图

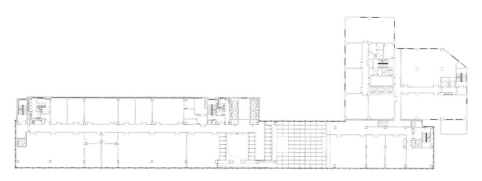

三层平面图

衔接老楼与新楼的建筑主入口灰空间

场所与城市的对话

　　城市的建筑大多强调静态的体量，我们尝试在完成建筑形体的同时，整合新旧建筑的关系和城市界面，表达了建筑师对城市的态度，实现了业主对形象的期待。我们也发现了因此带来的种种惊喜：在新老建筑间有了公共的建筑入口，在拥挤的用地上有了员工活动的屋顶平台，在建筑的顶层有了凭栏眺西山的接待大厅。

从裙楼屋顶平台西看二环路及老城

二环内外

近年来，随着北京城市发展定位的调整，以及核心区控规的出台，城市更新的概念逐渐深入人心，我们参与了更多北京老城内的更新改造项目，也对十余年前的神华大厦改造有了重新的认识和思考，特别是更加意识到大厦所处位置和北京城市结构的重要关系。

自明中叶形成的凸字型城墙边界存续 400 余年，成为北京老城的经久性边界，尽管 1970 年之后城墙逐步拆除，但取而代之的北京二环仍然提示着曾经的城墙痕迹并维持着老城内外的边界，是城市空间结构的重要元素。

老北京城门呈"内九外七"设置，而北城边界仅有德胜门和安定门两座城门作为连接城内外的出入口。随着现代城市的建设，城门变成了立交桥，

而城市快速路也随之或架空或入地，机动车流所形成的内外城隔离和当时的城墙并无二致，只不过城外的荒野变为了现代的都市。

从核心区控规的建筑风貌管控图则可以清晰看出，北二环两侧古都风貌保护区与现代风貌控制区直接并置，而在二环路其他区域两侧则通过古都风貌协调区过渡到现代风貌区。

而我们通过对二环路城市断面的分析，也发现了各段的异同。在东西二环北段，现代城市更加明显地向传统城市侵入，形成两侧较为均衡紧密的高层建筑群。而南北二环截然不同，现代建筑更多在环路外侧生长，老城内特别是中轴线两侧更多保留了传统风貌。

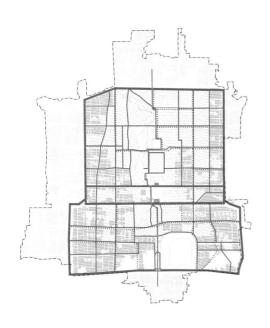

北京老城空间管控分析图 ⬤ 古都风貌保护区
⬤ 古都风貌协调区
◯ 现代风貌控制区
◯ 核心区外建筑风貌
与建筑高度管控区

北京老城风貌管控分析图 ◯ 历史文化街区
⬤ 两轴特定风貌管控区
⬤ 二环路特定风貌管控区

1907年北京城及周边局部平面图

2022年北京局部航拍图

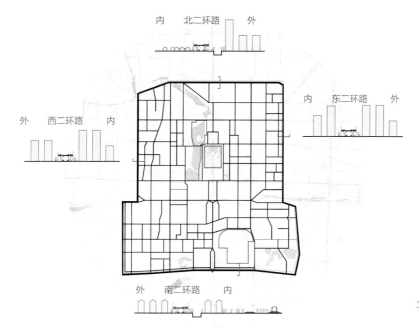

二环路四个方向断面示意图

2017年北二环街景

钟楼、老城和二环外的神华大厦

古今同辉

在鼓楼上可以看到神华大厦与钟楼及老城四合院同框的景象，这种古今直接对话的画面代表了北京老城内外保护与发展所走过的道路。在传统中轴线申遗的背景下，老城内的这片区域得以持续保护和恢复，而作为底景的神华大厦等现代建筑更加清晰地提示了古都的"四重城廓"。

2010 年刚竣工时（上图）与
2023 年（下图）的沿护城河外观

持续更新

2010 年神华大厦竣工，建筑高层部分新增的竖
向体量在形态逻辑中取代了原来的绿色屋顶，同时保
留原有的部分石材立面，让这次更新改造留下曾经的
建筑记忆。若干年后，神华大厦西侧的汉华国际酒店
改为国家能源集团办公楼，原有的弧面幕墙被"瘦身
收平"，城市界面更加完整连续。

从二环路看神华大厦（2023 年）

貳

大院儿有机更新

017—055

中国院创新楼

设计时间：2011–2012 年

建成时间：2018 年

项目规模：41438m²

地　　点：北京市西城区车公庄大街

1997 年我毕业分配进入建设部设计院（中国院前身，简称部院）工作，就住在车公庄大街 19 号院的单身宿舍，隔着两排住宅楼就是办公室，宿舍下楼奔西走两步是食堂，沿着文兴西街的小饭馆是加班打打牙祭的地方。那时候从未想过有一天要把食堂和小饭馆都拆了，在这里盖一座大楼。2000 年随着部院和建筑技术研究中心合并，19 号院里也发生了变化，连桥把 1 号楼和 2 号楼连接起来，院儿里成为一个单位。到了 2010 年，不断扩大的生产规模已经让 19 号院内既有的办公空间越来越拥挤，于是院里决定拆除西北角的食堂和锅炉房，更集约化、更高效地利用有限的土地资源，建设创新楼。历经八年的设计和建设，创新楼终于在 2018 年投入使用。2021 年 19 号院院内环境治理完成，恢复了小花园，规范了停车位，在西门洞进院儿的主路两侧种上了五角枫。2022 年文兴西街也重新铺设拓宽了人行道，补种了行道树，路对面的新大都饭店也改造为办公园区。二十几年来目睹 19 号院儿内外的更新发展，我们既体会到城市区域环境演变与日常工作生活的关联，也更为深刻地理解了更新作为一个持续的过程，不断适应时代需求的真实状态。

　　创新楼最初的设计是在严苛的日照计算制约下展开的，我们尝试把限制条件转化为形式和空间特征，两组顺着日照切角的平台给封闭的室内办公空间提供了室外的空中花园，也让传统的办公形态有了更多的可能性。开放的平台上逐渐出现的绿意，篮球场上跃动的身影，都让原本封闭的 19 号院有了一种复合立体开放的姿态。现在看来设计过程与其说是在日照限制条件下寻求在有限场地中最大的空间可能性，不如说是在阳光的引导下，以谦逊友善开放的态度，努力构建与周边环境的协调关系。

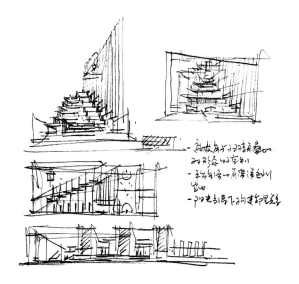

19 号院

在中国很多城市的发展过程中，一个单位划定一片区域，围合一个大院儿，工作、居住、生活都围于其中，曾经是很普遍的一种方式。随着城市的发展，城市功能的日益完善，大院儿与城市之间的矛盾也愈发突出，最基本的矛盾就是封闭与开放。车公庄大街 19 号院虽然占地规模不大，但也是这类大院儿的一种类型化的代表，是一个封闭的、自给自足的小型社区：若干栋办公楼和居民楼是大院内的主要建筑，同时还有食堂、篮球场、医务室、车队等独立体量的生活服务单元。

创新楼的建设意味着需求的增长、空间的扩张，19 号院因此也要改变封闭的状态，一方面要整理内部的环境关系，与此同时还要重新定义边界，构建新的邻里关系。

改造前街区航拍

| 新大都饭店 | 新世纪日航饭店 | 西苑饭店 | 19 号院停车场 | 19 号院食堂 | 北京天文馆 | 国谊宾馆 |

改造前的车公庄大街 19 号院与周边街区俯瞰

从 3 号办公楼屋顶向北侧俯瞰，可见城市建成区中大院与周边街区的混杂环境，以及创新楼建设前的食堂及停车场。

改造前的食堂、
篮球场和院内停车

随着中国院的发展，办公空间不
能满足需求，大院儿环境也更加
拥挤，食堂西侧的篮球场是仅有
的室外活动场地。食堂在 19 号
院的建筑编号为 4 号楼，它建造
于 20 世纪六七十年代，一层为
餐厅和厨房，楼上曾为礼堂，后
改为办公室。

世纪天乐大厦 北京建筑大学

中国院

　　1988 年，原建设部设计院从建设部的北配楼搬到了车公庄大街 19 号院内。当时 19 号院内有 3 家单位，原中国建筑技术发展中心的办公楼临车公庄大街，是一栋典型的 1950 年代的办公建筑，临文兴西街一侧是 1970 年代建设的建研院物理所的办公楼和实验室。院内还有 1980 年代建设的住宅和集体宿舍以及食堂锅炉房，以及一块篮球场。

　　2000 年，建设部党组决定部院和发展中心合并组建中国建筑设计研究院，随着两院合并，临街的 1 号楼和院内的 2 号楼之间架起了一座连桥，既方便通行，也是一种象征。同年 5 月，3 号楼建成使用。2010 年，随着 1 号楼立面的改造完成，中

2 号办公楼（1998 年）

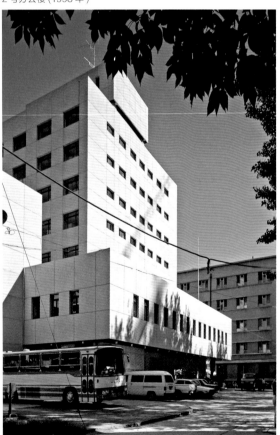

3 号办公楼（2001 年）

国院有了一个新形象面向车公庄大街。

　　经过10余年的发展，中国院生产规模不断扩大，19号院内原有的3.8万m²的办公规模已经远远不能满足发展的需求，越来越多的设计师、工程师加入，办公区占满了各个楼层，数量不断增加的私家车塞满了院内的每个角落。2011年，院领导决定利用大院西北角，即原食堂、锅炉房和篮球场所在位置，大约不到3000m²的用地，来建设"中国建筑设计研究院·创新科研示范中心"（简称"创新楼"）。19号院总占地面积3.23hm²，根据北京2006版控规要求，在限高60m、容积率1.68的前提下，创新楼地上可建设规模约2万m²。

1号办公楼（2001年）

1号办公楼（2011年）

日照

作为老城有机更新的一次实践，首要的就是要解决与周边住区的日照关系。对住宅日照时长的规定在1980年的《城市规划定额指标》中就有描述。2002年《城市居住区规划设计规范》GB 50180—93（2002年版）进一步明确了大寒日和冬至日的日照时长和计算范围。随着城市建设的快速发展和房地产开发的蓬勃兴起，各地也结合气候特点出台了针对日照关系的细则。可以说日照计算在很大程度上决定了中国当代城市的普遍面貌。

朝阳庵社区沿文兴西街有两个东西向的住宅单元，沿街的围墙和缠绕在窗棂上的爬藤几乎遮蔽整扇窗子。根据日照计算软件的分析，这里恰恰是创新楼的形态需要避让的日照最不利点。在限高和用地范围的限制下确定最大的可建设体量后，以日照

最不利点为基点，阳光的移动轨迹会把最大可建设体量雕琢成一个不规则的原型。阳光移动的角度和照射的高度是原型中清晰可辨的两个特征。日照原型是外在的限制，而获得更大的使用空间是内在的需求，原型的产生正是基于这一里一外两种力量的挤压。日照原型既是形体限制条件，也是引导我们去塑造形体的线索。因创新楼建设被占用的篮球场曾是19号院内唯一的活动场地，所以复建一片篮球场是设计的重要前提条件。在日照原型中只有最底区有足够的范围容纳一片篮球场，以此为起点，层层平台向上展开，我们用两组退叠的平台拟合了最大的日照控制范围，同时提示了日照原型中高度角和扫掠角两个形态特征，一组平台可以连续攀爬，组织起立体开放的路径，另一组平台则成为各层专属的花园。

体量生成图解

场地及红线

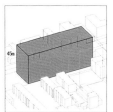

45m体量

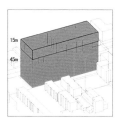

60m体量

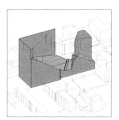

由日照条件反推形体

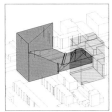

降低北侧体量以减弱与国谊宾馆的对视

用退台表达建筑形体

中庭加强各层联系并为大进深办公空间采光

东南西侧悬挑以增加更多面积

结合平台营造员工活动场所

推敲屋顶花园

根据朝向推敲格栅形式

最终形体生成

创新楼北侧外观

邻里街区

　　日照原型引导我们去建立起更加友善的邻里关系。这样的形态对西侧的文兴街而言，不仅是避让出阳光的通道，同时也削减了体量对于街道的压迫感。球场和平台上的活动空间向文兴街一侧展开。如果说当初一个封闭自足的大院容纳了基本的传统城市生活，那么创新楼则试图在打破封闭大院的基础上，以一种立体复合的方式重塑一个更富活力的现代城市生活街区。

　　而随着近年来周边街区更新的持续进行（新大都饭店改造、动物园批发市场改造、街道绿化改造等），日照限制也从一开始的明确设计条件，逐步成为我们理解城市更新演化的一把钥匙，那就是如何通过更新设计创造一个更和谐的街区环境和邻里关系。

面向文兴西街的门洞和临街设
置的咖啡厅

从文兴西街朝阳庵社区看创新楼西
立面、北向室外平台和篮球场

场所与生活

　　创新楼的功能并不复杂，在设计过程中我们希望打破从功能分区到使用空间简单化的处理方式，把功能转化为使用者的行为，以行为去引导场所的生成。空洞的使用空间在我们的想象中变成多样行为的交织，行为的多样性催生了场所的活力。

　　从办公区到室外平台，从篮球场到下沉庭院，从临街的咖啡厅到展厅和图书区，空间的连续性、路径的开放性让复合的场所、多元的行为，呈现出集合的属性，建筑因此也有了些许城市的意味。也许正如罗西所言，因为城市是一个卓越的集合产品，所以它存在于那些在本质上具有集合属性的作品之中，并且可以用它们来定义。

　　当建筑能够包容或引发城市生活的活力时，创新楼多元复合的状态也在一定程度上改变了中国院作为大型设计机构通常给人留下的印象，消解了以效率为先的大开间办公环境的枯燥与单调。平台、中庭、球场这些场所打破了封闭的空间边界。不期而遇的交流、生活化的场景，都成为对设计行为的支撑，由此集合的场所也体现了设计类企业的特征。

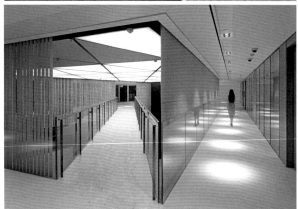

从 19 号院内看创新楼东南向
外观（上图）
二层公共空间（下图）

从通向主入口的小路看创新楼东北向近景

黄昏时的创新楼东立面

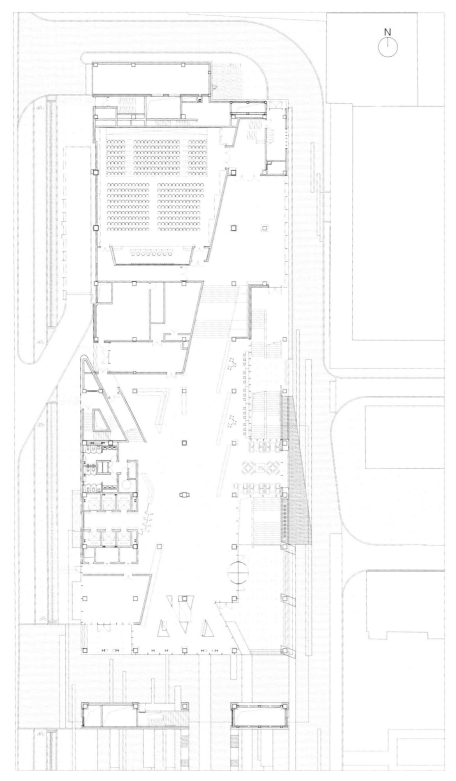

首层平面图

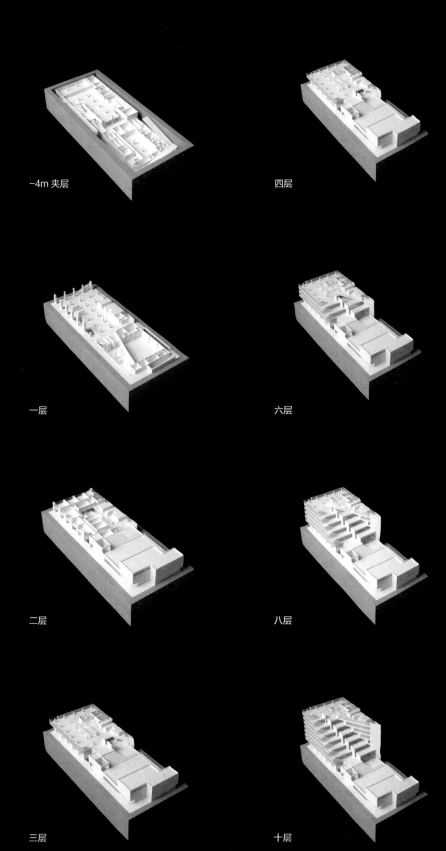

-4m 夹层

四层

一层

六层

二层

八层

三层

十层

模型照片

室外平台

　　连续的室外平台制造了某种场所的戏剧性，平台自上而下逐层放大，在二层成为一片完整的篮球场。平台让各层室内办公区与室外自然环境建立起更直接的联系。长期在室内伏案工作的员工有机会在平台上远眺城市，俯瞰球场，与同事打个招呼，或者在午饭后拾级而上，不必非要选择电梯。

　　创新楼建成后成为设计行业内多种学术交流活动的基地，特别是疫情期间，不少活动都在室外平台举行。随着各使用部门的经营，室外空间的各个角落都被有效地使用起来。在夕阳晚霞里，开阔的屋顶平台上常有建筑师来俯瞰城市，看云卷云舒。

可远眺城市的楼梯间转角

自上而下逐层放大的室外平台，
在二层成为一片完整的篮球场

复合功能的入口大堂

　　两层通高的门厅串联起咖啡厅、展厅、图书区、小超市、会议室和多功能厅等公共服务功能，这里成为创新楼公共生活的客厅。

串联起多个公共服务功能的门厅

入口大堂与上部中庭的空间关系

中　庭

　　中庭作为办公区的一部分，以退台的形式营造了合理的尺度与氛围。与强调效率的大开间办公区不同，这里是一片非正式的办公区域，我们希望各层的设计部门都能以灵活多变的方式使用这片区域。中庭空间自下而上仰视，逐层收分强化了空间的透视，单一空间又有某种仪式感和纪念性。自上而下俯视时，可以看到各层使用部门对中庭区域的个性化利用，又呈现出多样性和生活化的场景。

中庭俯视

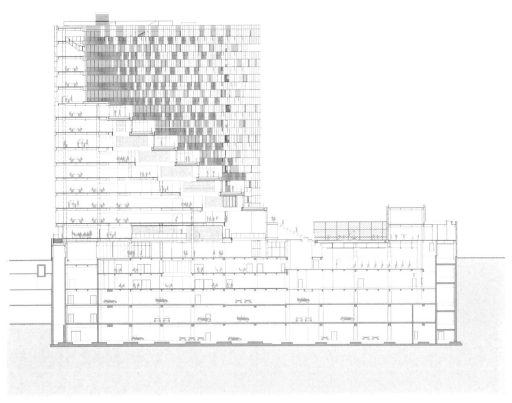

剖面图

中庭仰视，逐层收分强化了空间透视

开敞办公区

　　三～十四层是各个设计部门的办公区，因为退台的造型没有所谓的标准层，从三层1700m²到十四层1000m²，使用面积逐层缩小。连续退叠的室外平台和室内中庭组织起三层到十层的大开间办公区。

　　通过精细化设计，将设备管线均设置于钢梁之间，有效提高大开间办公区的空间净高。

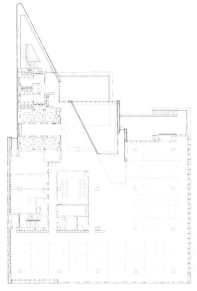

六层平面图

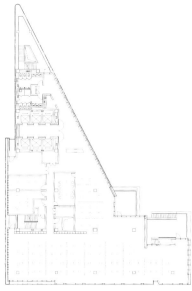

十层平面图

设备管线置于钢梁之间

下沉食堂

一组自篮球场延伸下来的多方向的室外楼梯嵌入建筑东侧的下沉庭院之中，把人流引向地下的餐厅，服务于整个 19 号院的餐厅在高峰时段有约 2000 人就餐。下沉庭院在紧张的用地条件下，改善了地下空间的采光和通风，同时也可以容纳大量的就餐人流，缓解了就餐时空间和交通的压力。

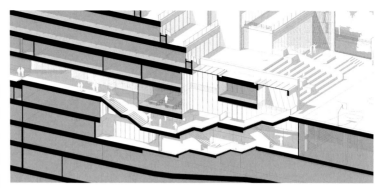

局部剖轴测图

下沉庭院和楼梯将大量人流引向食堂

绿意与绿色

　　除了平台花园，创新楼结合立面设置了不少适宜气候的垂直绿化，随着时间增长和季节变化，这些攀爬植物让建筑呈现另一种活力和表情。

　　同时，在创新楼建成后，大院环境也进行了整治，停车更整齐了，整个大院都充满了绿意。

　　创新楼项目也是一次绿色建筑的设计实践，各专业都在设计中采用了与通风、保温、采光、照明等相关的适度的绿色节能技术。与此同时，作为建筑师，我们也秉承被动优先的本土绿色理念，一方面结合日照原型，从分析平面布局入手，把电梯楼梯间、卫生间等服务空间布置在西侧，以减少西晒对使用空间的影响；大开间办公区占据南向和东向，北侧一组连续的中庭空间为大进深的平面提供了更好的通风和采光条件。另一方面，以从平台到篮球场的立体开放路径为依托，吸引大家走到户外，引导并落实行为节能的健康理念，让绿色不仅是一个概念，更在一天天的生活中成为深入人心的行为准则。

随时间生长的垂直绿化和大院绿化

结合立面遮阳设计的垂直绿化

南立面局部

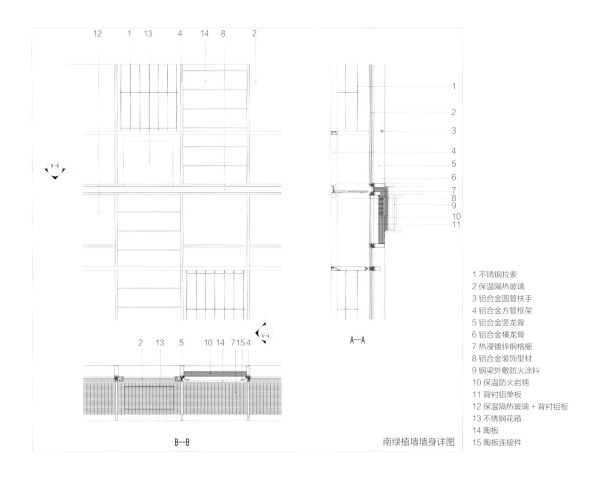

B—B

A—A

南绿植墙墙身详图

1 不锈钢拉索
2 保温隔热玻璃
3 铝合金圆管扶手
4 铝合金方管框架
5 铝合金竖龙骨
6 铝合金横龙骨
7 热浸镀锌钢格栅
8 铝合金装饰型材
9 钢梁外敷防火涂料
10 保温防火岩棉
11 背衬铝单板
12 保温隔热玻璃＋背衬铝板
13 不锈钢花箱
14 陶板
15 陶板连接件

西立面局部

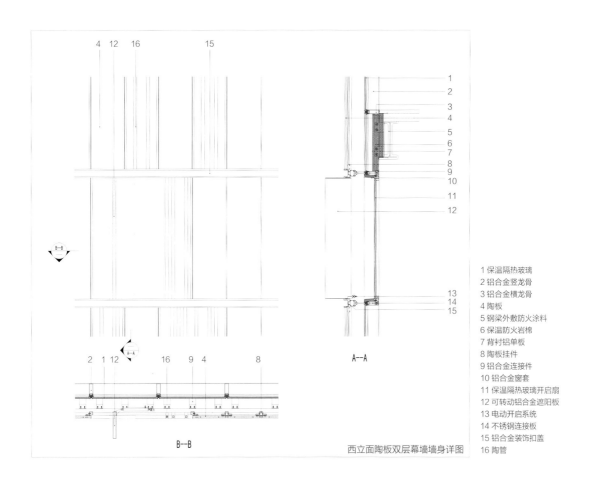

B—B

A—A

西立面陶板双层幕墙墙身详图

1 保温隔热玻璃
2 铝合金竖龙骨
3 铝合金横龙骨
4 陶板
5 钢梁外敷防火涂料
6 保温防火岩棉
7 背衬铝单板
8 陶板挂件
9 铝合金连接件
10 铝合金窗套
11 保温隔热玻璃开启扇
12 可转动铝合金遮阳板
13 电动开启系统
14 不锈钢连接板
15 铝合金装饰扣盖
16 陶管

创新楼后来的故事

从 2018 年创新楼投入使用至今，每一层的入驻部门都在这些年让原本统一的标准办公空间有了各自的使用特征，有些楼层更换了不同的部门，布局和室内空间也都跟着进行了调整。最初设计时按照理想的办公环境大约有 1200 个工位，而在现实的房租压力下，今天估计有接近 2000 人在创新楼里办公，有些部门甚至把原本预留的展区会议室都布置了工位。但这几年大环境的改变和未来行业发展的不确定，可能还会影响到设计院的规模，人员的流动和空间的变化会是个常态，每年都有入职的新员工和离职的老同事，在创新楼进进出出。面对这些变化，创新楼从一栋空荡荡的大厦到承载起更多人对于工作生活的记忆，似乎也有了属于自己的生命印记。一场场展览、一次次会议、一个个项目，这些记忆也都随着每一年的忙碌，留在大家的心中，就像种在大楼各个角落的爬墙虎，那片绿意在每一个春天都让人期待。

访谈：
城市建筑的多维建构

对谈人
范路 F / 柴培根 C / 周凯 Z / 任玥 R

微缩城市与建筑构成

|F| 创新楼周边路网是横平竖直的，周边建筑形体也都是方方正正的，而创新楼高楼部分的三角形形体十分独特。对此，您在设计时是怎么考虑的？

|C| 主要还是由环境决定的，因为要照顾到西侧住宅的日照，所以在可建设的最大形体基础上进行了切削，也就是现在造型控制的前提。从形体上看，其实是有两个三角形，一个是平面的三角形，一个是立面的三角形。分别是受日照计算软件中的两个参数（高度角和扫掠角）的影响而形成的。

|F| 在你们的报规文本中，有一张日照分析图。可以看到，建筑被日照通廊切割的剩余形体是不规则的，而北侧也有一个三角形的体量。但在最终方案中，北侧体量为何降低且变成方形的了？

|C| 用地东北角紧邻国谊宾馆的主楼，最近的间距只有不到 10m，降低日照反切原型中北侧的部分，就是为了处理与国谊宾馆的关系，减少冲突和干扰。

|F| 2011 年，中国院院内进行了创新楼的设计方案征集。当时有 20 多个方案参加了竞赛。您觉得自己的中标方案相对于其他竞赛方案有何独特之处？

|C| 2011 年院里决定建设创新楼，为了活跃创作氛围，在院内开展了方案征集活动。最终有 24 个部门提交方案，崔愷院士主持了专家评审，同时院内职工也参与了投票，最终我们工作室获得了这次宝贵的设计机会。当时大家提交的方案都是按照日

照切削的基本形体完成的，大关系差不多，但具体的处理方法还是有很大的差异。方案征集之后，在崔愷院士的统一指导下，院里集结了各个专业的专家，开展了深化设计的工作。坦率地说，实施方案与当初的概念方案已经有了很大的不同。现在要说当初中选的原因，真的很难讲清楚，回想起来只能说非常幸运，更像是命运的安排。

|F| 在我看来，日照削切是前提条件，但建筑形体其实没有必要一定呈现切线。所以，这些方案可以由此分为两类：一类是形体直接表达削切的，另一类是不呈现切线。其实削切给建筑形体带来了非常强的力量感，而不呈现切线就失去了一个表达力量的机会，所以跟有切线表达的形体比就很吃亏，视觉冲击力就自然弱。再看有切线表达的这一类方案，除了您的方案，其他的方案在下一层级的形式处理中引入了一些其他方式，比如说对体块的水平或竖直划分，其实这就引入了一套新的逻辑，是对第一步削切表达的弱化。而您的方案在斜面旁边形体的处理中，采用纵向跌落设计，这是对削切表达的再一次加强。从形式生成的角度看，我觉得这个方案对于日照削切后形体力量感的表达最为强烈，所以它特别抓人，因为所有的处理都在强化斜切这个主题。

|C| 日照限制作为设计的前提无法回避，在设计之初我们的态度就是正视这个问题，顺应日照的前提去发展形式逻辑。作为设计前提的日照反切形体是时任建筑院长文兵带领一个小组反复演算完成

的，之前恰好我和文院长合作的一个项目里曾经面对过很复杂的日照计算问题，所以对这件事有些基本的理解，这可能也帮助我们在创新楼的设计过程中更好地处理了日照对设计的影响。

|F| 连接三角形主楼的层层跌落的室外屋顶平台是创新楼的又一造型特色。这是如何构想出来的？

|C| 另外还有一点也是我们设计的重要前提，因为创新楼的建设场地占据了院里唯一的一片室外篮球场，所以当时院领导提出新楼设计中要复建篮球场。在设计过程中，我们首先就是在日照原型中去找到能放下一片篮球场的空间，以此为起点，一层层的平台就好比是球场的看台，外部空间组织的线索也由此而生。此外，创新楼的建设几乎填满了院里的室外空间，一个很朴素的想法就是如何为长期在室内工作的设计师提供更多的来到户外、接触自然的机会，能够透一口气、抽一支烟、看看远处。层层退台成为一个很自然的选择。

|F| 总结您的介绍，我觉得其实有两条线索。一是日照削切，你们对这个前提条件很敏感，并通过各个层级的形体处理来强化日照控制线。这实际上抓住了项目和场地中的主要矛盾，然后顺着这个点来发展，让建筑生长出来。第二条线索是屋顶平台和屋顶篮球场的设置。实际上这是对日常生活的敏感，通过以篮球场为视觉焦点，产生了很多小尺度的、看台式的屋顶平台，提供了大量让不同人使用的公共平台和屋顶广场。这两种处理——大尺度斜向削切和小尺度平台，也建立起了一种二元论。如果我们做一个类比，这就像欧洲中世纪的小城，在一片低矮的民居房子中间矗

立着哥特教堂。这两者是互相对比、形成图底关系的。一个很日常的充满活力的背景和一个纪念性的地标形象，这两者之间是互相促进的，教堂高塔成为日常生活中的一个精神锚固点。所以在创新楼项目中，也有某种纪念性和日常生活之间的辩证统一。

|C| 用纪念性和日常生活的关系来描述确实是很有启发性的。

|F| 基地西侧文兴西街和东侧大院内道路尺度不大，而创新楼的体量还是比较大的。那么当时是如何考虑其底层界面设计对于两侧道路整体形象的塑造？如何减少大楼的压迫感，又如何营造舒适的、人性尺度的城市生活？新楼建设后，大院会有围墙吗？

|C| 回答这个问题我想有两个前提要说一下，一是创新楼的建设面对的是一个既有的相对拥挤的环境，考虑到日照、对视、限高、退线等各种限制条件，实际可建设的范围非常有限，而在这个有限的范围中又要争取最大的使用面积。二是分析日照切削后的体量，把核心筒、楼梯间、卫生间这类辅助空间布置在西侧是个合理的选择，这样才能在东侧和南侧形成相对完整的办公区域，同时又能适当解决西晒的问题。所以基本的建设体量是一个没法回避的现实。

在方案深化设计的过程中，崔总提出来要借创新楼建设的机会整治文兴街的环境，提升街道公共空间的质量。同时也希望建立更积极的与周边社区的关系，打破原来大院封闭的感觉，能有更开放的姿态。虽然受到很多现实条件的约束，但在整个设计过程中我们还是以此为目标，做了大量的努力。如利用新楼建设退线的宽度，重新划分了路板，结合绿化设置了非机动车道和人行道。在主楼南侧结合与物理所的间距设计了沿街的口袋公园。多功能厅屋顶的篮球场和层层退台把院内的活动展现给街道，立体的开放空间改变了原本封闭的边界。后来又在西侧门廊下布置了面向

街道的咖啡厅。现在看这些做法还是有效地改变了文兴街的面貌，但毕竟这只是街道的一侧，街道另一侧的原新大都饭店也在重新改造，希望将来有更好的变化吧。

|F| 创新楼并不沿主要城市街道，设计时是如何考虑塑造主要入口的形象？

|C| 我们院的1号楼沿车公庄大街的入口，是一个形象和功能兼具的主入口。而对于在院内的创新楼来说，入口则是功能性的，而不是形象化的。而且因为建设场地非常紧张，新楼的设计几乎是占满了整个场地，所以也没有空间去塑造形象化的主入口。沿文兴街一侧的过街楼既组织了大楼的入口，也是19号院的次入口，这也和1号楼东西两侧的过街楼形成某种呼应。

|F| 创新楼几个体块的立面设计原则和开窗逻辑是怎样的？外部的建筑色彩又是如何确定的？

|C| 立面语言的组织首先是考虑到形体的变化。我们把形体分为两个部分：一是45m以下连续的水平退台；一是60m的三角形体量。在形式逻辑上，退台部分是从三角形主体中延展出来的，立面语言也顺应了形体组织的关系。其次，不同方向的采光和遮阳也是一个影响的因素。南立面45m的高度正好和南侧物理所的办公楼相对，我们选择了玻璃幕墙加内遮阳的形式，其余部分增加了水平遮阳格栅，同时还不规则地设置了种植花槽。西立面采用了陶土格栅，解决遮阳问题，在办公区调整了格栅的密度。东立面采用了竖向遮阳板的做法，强化了水平退台的方向感。

|R| 东立面设计还有一个特殊之处。对于一栋60m高的建筑，平常我们从地面观看，高区因距离我们很远，更多是看到立面比例、虚实等大关系。但由于我们设计了这组室外平台，对东立面的观看就变得近在咫尺。因此我们对陶板百叶角度及颜色做了更多变化，就是让人们在平台活动时能看到更多的立面细节。还有一处是对北侧锐角的处理。对于整体它需要表达实的建筑体量，然而细部是由间隙的陶棍构成。因为转角处是一部室外疏散楼梯，在这个地区没有几栋楼建到60m的高度，从内往外看的视野非常好。我们希望有人在这里抽烟、闲谈的时候，能有很好的视野。

|F| 这很有意思，又回到最开始的讨论，即存在高层建筑物的尺度和个人生活尺度之间的某种衔接。在创新楼中，控制性的整体形象和生活化的、生动的局部形象是统一起来的。和最初的设计相比，现在的形体处理中增加了几处小变化，比如说主入口处增加了3块落地的广告灯箱，高层主楼的顶部也多了一处挖空设计。特别是高处的挖空处理，它打破了建筑大尺度的物体感，使人尺度的生活空间从地面和裙房屋顶继续向上延伸，"跳跃"到了高层主楼顶部，让整个建筑更放松了。

|C| 你提到的这两处细节都是在项目进入施工过程中结合崔总的意见修改的。创新楼从方案征集到最终竣工交付使用，因为各种原因历时8年，对于这种规模的建筑是一个相当长的周期。因为这么长的建设周期，工地又近在眼前，所以我们有一个反复审视设计的机会和余地，这和我们以往大量的设计经历是完全不同的。正因如此，对各种细节的感受和把握才有沉淀的过程和推敲的可能。你说的整体性与生动的局部的统一是需要时间和现场感的，以及某种偶然性。恰好创新楼的设计和建设过程，提供了这样一种可能。确实相较于原来的设计，现在的方式更轻松一些。一是面向院内有一个表情上的变化，再者也从空间上强调和提示了主入口。

设计应该是一个持续的过程，从方案阶段延续到施工阶段。但现实的情况下，因为各种制度、规范、标准的限制，建筑师事实上很难参与到施工过程中，大部分项目都不会有这样的机会，换句话说设计工作在交付图纸的一刻就终止了。

|F| 中国院创新楼项目您做了8年，近年来您也一直在研究罗西的《城市建筑学》，如果现在从罗西理论的角度反思创新楼项目，您又有什么体会？

|C| 谈不上研究，就是这些年一直在阅读的一本书，我觉得和这本书算是挺有缘的，这些年总能在不同的工作阶段，在阅读中找到与现实工作有关的线索，启发我不断地思考，也很享受这样的阅读体验。对于大院里的建筑师来说，适当的理论阅读确实是很有必要的，能帮助我们不断审视自己的工作，不会盲从于各种标准，让我们在忙碌的时间中保持思考的习惯和敏感的内心。

至于说通过对这本书的阅读，如何给我们一个新的角度去看待或反思创新楼的设计，这是一个很大的话题，我可以举个例子具体说说。

在开篇的绪论中，罗西就直言：体现美学意图和创造更好的生活环境是建筑的两个永恒特征。这是非常直白朴素的表达，一点都不晦涩拗口，而且这确实是非常基本的问题。美学首先是哲学问题，美学意图意味着某一社会时期的哲学思考的深度和诉求。我们是否有对美的追求，起始于何种欲望，以什么样的方式得到满足，在一个小圈子里还是在社会层面讨论这些问题，答案当然大相径庭。美学讨论的是人类从个体到群体、从肉身到精神，如何不断探索寻求满足和慰藉的过程。有历史传统的影响，有时代的困惑，有权力的塑造，一切呈现于我们眼前的世界，不论其外在的形式或内在的含义都是美学的范畴，或者说美学最终是要和人的情感产生交流和共鸣。美学在这个意义上也是政治问题。

就创新楼的设计而言，其实我们一直在推敲的很多问题，说到底都是美学问题。我们塑造一个什么样的形态，向外界去传递企业的精神，或者说美学意图，而这个形态是否符合企业的定位，是否能体现时代的特征，这都是没法回避的问题。对美学意图的思考，也确实在设计过程中对一些关键的判断产生了影响。创造更好的生活环境，这更是我们在设计过程中非常在意的事情，平台、球场、中庭、屋顶花园这些多元场所的营造都和我们对生活环境的想象有关，而不仅是一个讲求效率的工作场所。而最终当包容生活的场所"溶解"了划分功能的空间时，建筑也就与人的情感有了沟通的可能。

《城市建筑学》的阅读，不是那种知识积累型的阅读，而是有很多这类启发性的内容，让我们能把当下的工作放进去评判，有不同的理解，这的确是很吸引人的。

内部空间与建构设计

|F| 创新楼方案一开始强调日照削切，但在处理外部层层跌落平台的时候，出现了次一级的纵向划分。这种形式逻辑是从外部出发，还是为了形成内部斜向贯通的中庭？与最初方案的大玻璃表面相比，最终斜向中庭在外部变得更实了，更接近旁边平台的处理。这让人觉得表现力似乎被削弱了？

|C| 这个逻辑是由外到内产生的。首先是整理受到日照限制的形态，形成层层跌落的平台，然后顺着这个形态关系去构建空间体系。从平面可以看到，为了充分利用场地，建筑进深是很大的，要解决好通风和采光的问题，设置中庭空间是必然的选择。中庭空间也有一个推敲的过程，最初尝试过两层一组，室内也有楼梯联系，但最后还是选择了一个更简洁的形式，事实上看起来更有力量感。一组连续的玻璃中庭在图面表达上可能看起来更有表现力，但在实施过程中也要面对节能、防水、清洁等一系列的问题。用平台的方法去做，这些问题更容易处理。另一方面，统一按平台的形式去处理，也能创造更多的室外空间，形式语言也更简洁，这也是重要的原因。

|F| 该中庭是否是最重要的内部形象表达？中庭内界面并不完全一致，是一种两分法，一边是陶板材质，一边是抹灰。那么其设计原则是怎样的？

|C| 虽然从设计的程序上说，形态是空间的前提，但空间的处理却是对概念的表达起支撑作用的。没有空间的塑造，形式就失去意义了。前面说到形体分为60m的三角形主塔和45m的水平退台两部分，中庭空间就处在这两者的交接部位。顺着斜向切入室内的陶板墙面是三角形主塔外墙的延伸，而另一侧和顶面都是白色涂料，是按室内的关系来处理的，所以室内空间的表达与造型的逻辑是一致的，这也是很朴素的做法。

|F| 我们看到上部中庭跟一、二层公共空间的处理方式并不完全相同。一、二层会有很多黑色的构件，同时也有斜撑。这是出于什么样的考虑，是要强调内部空间有上下两个不同系统吗？

|C| 一层门厅和二层的会议区应该说还是公共区域，三层以上都是内部办公区，所以在空间形态和氛围上都不太一样。门厅两层通高，和会议区直接相连，黑色金属板包裹的柱子把空间支撑起来，几片斜向的书墙划分了不同的区域，二层一道斜向的连桥也提示了日照切角的方向性。

|F| 从建筑知识体系来说，低区中庭和上部中庭的设计逻辑是不一样的。低区更表达建构，因为其结构体系是很清晰的，尤其把柱子都涂黑了，是在强化结构要素之间的区别，用不同材质来区分。从结构到饰面处理，其材料交接关系都是非常清晰的。而在上部中庭空间，它更倾向于表现抽象的空间和形式，所以它是模糊构建逻辑的，整个空间是界面一体化的氛围。所以我会问是不是故意这么做的。还有，高层室内开敞办公区也有些建构呈现，这和斜向中庭区的抽象空间表达似乎也不完全一样？

|C| 虽然我们没有对空间类型先做一个理性的分类再来做设计，但在塑造中庭空间的过程中，确实是刻意回避了支撑系统的表达，希望连续的中庭空间更纯粹、更干净，甚至微调过局部的柱网，以确保视觉上完整的感受。

开放办公区没有做吊顶，而是表现钢结构体系，利用结构高度布置设备空间，这是呈现建造过程

和痕迹的做法。这样做一方面能让大开间办公区的空间更舒适，另一方面也更符合设计企业的氛围吧。

|Z| 如果现在把室内空间建构方式做个归纳，可以用一个有趣的历史线索串联。低区公共空间墙、柱、顶、地以独立元素呈现，和密斯在德国馆中分离化的处理方式相似；中庭空间把墙和顶喷白连续，以一种预置图像作为指导，而不强调元素建构，我们在西扎的室内中经常看到这种表达；然后来到开敞办公区的时候，完全是真实的吊顶、管线、结构，像赫尔佐格和德梅隆等，这种操作是更时尚的审美表达，也是设计机构乐见的一种室内面貌。

|F| 创新楼低区和上部在功能布置的空间逻辑上也不一样。上部尽管有错层的中庭，但实际上，它是在基本结构框架下的匀质化的叠层空间。对比而言，低区就更非标准一些、更生活化，视线和标高变化也更丰富，很有自由剖面的意味。比如说地下一层有餐厅和多功能厅，多功能厅标高是4.5m，还有一个比较高的窗。这部分功能和空间的组织逻辑是怎样的？

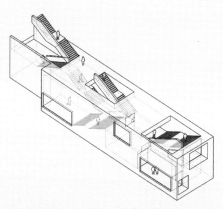

|C| 首先任务书中明确了这些公共功能，多功能厅的顶标高也是被日照决定的，这个区域最高只能做到4.5m，所以它的底面只能下沉，下沉到-3m。多功能厅下面是5m层高的厨房，利用这地下8m，剖面上对应的其他区域做了两层食堂。然后再往下是车库。所以这几个不同标高的变化还是依据日照逐层推导形成的。食堂东侧设置了一个

下沉庭院，一方面是为地下提供自然光线，一方面也通过不同方向的楼梯形成一组丰富的空间，来衔接刚才提到的那些不同标高的场所，也让您提到的生活化显得更轻松。

|F| 大量逐层跌落平台设计，让形体很丰富。但在建造和构造层面会有什么难点？比如说，平台上的排水是如何处理的？

|Z| 首先的难点是结构。两组平台是逐层收分的，几何关系与基本柱网很难对位。好在方案初始阶段选择了钢结构，同时绿建三星也有这个要求，利用钢结构本身更容易实现梁上起柱的特点。而且好在所托换的结构只有一层，支撑起这些并非完全对应柱网模数的平台楼板。

第二是降板和排水问题。为了获得更多使用面积，标准层层高也被严格限定在3.9m，楼面层也按尽量少来控制，于是露台的降板也必须做到足够经济而不至于影响降板区下方的净高。我们最后算出的降板高度是490mm，来实现室内外空间连续，没有窗槛墙和台阶的设计目标。但是因为每个露台尺寸不一样，垫层找坡最远点到女儿墙的收口情况也不尽相同，施工中还是遇到一些挑战。我们也意识到排水比防水更关键，水专业给出的方式是三、四层一汇通过内排水出去，而这三、四层之间是外落水管联系。在施工配合过程中，又将外落水管几乎逐根落位藏到幕墙体系之内，还为此设计了扁长的不锈钢出水口来和陶板尺度匹配。

|F| 创新楼有大量的室外木地板、屋顶和立面的绿化设计，那么您预计其材料耐久性和后期的养护成本会是怎样？

|C| 平台用的是竹木地板，从装完到现在使用已经一年多了，技术比较成熟，也比较环保和耐久。植物选型和景观设计探讨了多次，最后选择的是北京地区最常见的五叶地锦（爬山虎），生命力顽强，不太需要精心伺候，也就节约了维护成本。五叶

地锦可以往上攀爬，也可以向下垂挂，有点像咱们环路上好多立交桥上的状态，在退台的实墙边界上也是这么来布置植物的。另外有时候我们做设计，需要花费很多口舌去跟业主解释立体绿化的做法，很多人还是不太能接受冬天植物衰败的状态。大多人习惯了春天去看樱花，秋天去看红叶，去捕捉植物最绚烂的静止时刻。当然那确实很美，但是其实还有一种美学观，就是植物春夏秋冬随着时间变化的状态，要懂得欣赏季节变化呈现美感的过程，特别是每天在窗口陪伴你的植物。

|F| 我们看到创新楼东西立面陶板的方向是不一样的——东横西竖，其设计原则是怎样的？

|C| 按照形态逻辑，三角形主楼是一个完型，所有错层的平台可以理解为从这里面抽离的关系。材料布置的方向性也顺应了这样的逻辑：三角形主体是竖向陶板，平台各层是水平向陶板。同时竖向陶板是一种开放幕墙体系，后面是实体墙面或玻璃幕墙，即内层是围护结构，西侧大面积的竖向陶板陶棍也起到遮阳的功效。

|F| 在斜向中庭中，栏杆扶手的处理比较特别，是比较宽的平板。这好像有助于人停留下来并进行交谈？

|C| 尽管在未来的使用中，各个不同设计部门仍是按楼层划分的，但在这个核心空间里，我们觉得可以发生很多"偶然的邂逅"。从下往上看是一个有特征的、图像化的，甚至有些仪式感的空间，从上往下看则能看到更多人的活动，是更生活化而且不确定的场景。中庭木扶手加宽到20cm，这个细节处理可以让人放一杯咖啡或平板电脑，在这里驻足的片刻，聊聊工作内外的事儿，同时因为和办公室相连，它又不是一个完全休闲的状态。

|F| 大楼的高层和低区部分是否采用了一体化的结构基础？会不会有沉降不均匀的问题？

|C| 大楼高层和低区部分采用整体筏板基础，这个房子的地下室做的深度远远超过正常该有的勘固深度。由于上部结构是连续变化的，沉降也是均匀变化的，没有沉降不均匀的问题。

从结构专业来说，其实应该叫沉降偏心，因为核心筒什么的都放在这一侧。而且因为地质当时地勘的时候，这下面是有暗河流砂，就是地下水的水位还不低，所以要做抗浮，采用了抗拔锚杆来抵抗浮力。当时还做了钢砂把基座压住了，所以上面的这点荷载变化已经不重要了。当然结构肯定还要计算偏心的。

|F| 创新楼上部的三角形形体和方格结构柱网之间是怎样的关系？

|C| 高层三角形从平面上看是直角三角形，斜边其实就是日照线的投影。它和正交方格柱网相交的过程中，能悬挑的就尽量悬挑，不能悬挑的就利用钢结构特征在斜梁上补充柱子。当然这个不同于平台那种一层托换，有的柱子是要落到下面二到三层，但一般是在走廊和中庭区域，对办公使用没有太大影响。

|F| 在一二层大厅部分还可以看到斜撑结构，它和整体方格柱网是什么关系，对于大厅的空间表现又有什么作用？

|C| 可以看到大厅外围的斜撑，是结构必须的加强处理，核心筒周围也有。而中庭只有一根两层高带斜撑的柱子。按常规的操作是可以不做斜撑而将梁通过去来支撑楼板的。这个结构处理是有一定表现性的，通过这个动作来体现一下钢结构的特征，也呼应了大厅空间中不同方向的斜线。

|F| 对您的团队来说，创新楼项目其实很特殊，因为你们既是设计方也是甲方。这种特殊身份，在项目设计中会有什么优势，又会有什么限制？

|C| 准确地说在创新楼的设计过程中，我们既是设计方又是使用方，有时候也会以甲方的角度来考虑

问题，这与以往的设计经历确实有很大的不同。因为是使用方，所以有很多工作的经验和记忆是会在设计过程中对我们产生影响的。举个例子说，在处理平台中庭这类典型场所的时候，我们特别关注的就是尽可能地打破空间边界的限制，创造更为开放的场景，让大家能有更多见面交流的机会，之所以这样做，就是基于对现实的工作环境的反思。

另一方面，我们都在院里工作了很多年，对设计院是有着深厚感情的，所以在从设计到建造的整个过程中，设计团队始终抱有最大的诚意和耐心，认真对待每一处细节。如果没有这样的感情，我想在这 8 年时间里，很多事情就放弃了。

当然，能够有这样一个机会，参与到为自己的单位建造一栋大楼的工作中，对于每一位建筑师和工程师来说都是很幸运的，也是在职业生涯中值得记住的经历。对此我们总是抱着一份惶恐和感恩之心。

注：
原载于《建筑学报》2019 年
第 6 期

采访人：
范路 清华大学建筑学院副教授

叁

历史街区复兴

057—103

隆福寺街区复兴
及隆福大厦改造

设计时间：2012-2018 年

建成时间：2017-2019 年

项目规模：58300m²

地　　点：北京市东城区隆福寺街

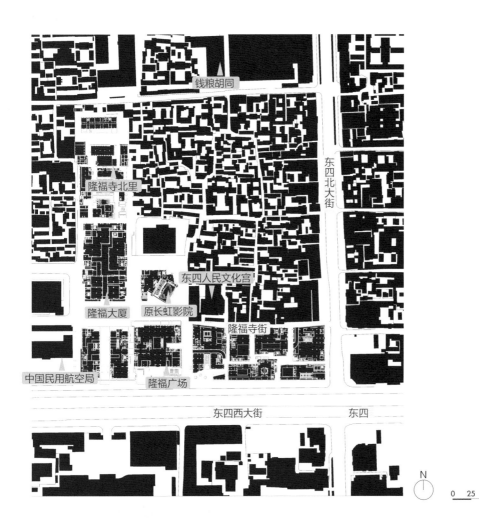

钱粮胡同

隆福寺北里

东四北大街

东四人民文化宫

隆福大厦

原长虹影院

隆福寺街

中国民用航空局

隆福广场

东四西大街

东四

N

0　25　50　　100m

隆福寺地区的历史研究是我第一次深入一个城市区域发展演变的历程，去分辨不同时期的城市特征，同时在传统城市肌理与现代建筑体量的矛盾中感受老城更新演变的真实状态。从困惑不解到正视现实，从茫然无措到厘清头绪，书本上的道理在现实问题中得到检验，阅读研究引发思考，让我们理解了城市演变的含义，也帮助我们走过了艰难的设计过程。持续 7 年的工作又恰好经历了北京城市功能定位的转变，更新工作中遇到各种困境似乎也记录了这个转变的历程。

原隆福大厦屋顶有一组仿古建筑，面对这种在现代建筑体量上进行符号化装饰的做法，最初我也认为既然要改造，何不改头换面，免得不伦不类。但当我们把这个问题放到城市更新的语境中，审慎地分析讨论，放下建筑师固有的标准或偏见，就能理解这组仿古建筑反映了城市发展的某个阶段对传统的认知和态度。对于这样一种印记，或者说一个时期的集体记忆，不应该在今天的更新中轻易抹去。我们需要有包容的心态接纳这样的冲突和矛盾，而这也是形成更丰富的城市场景的必要前提。

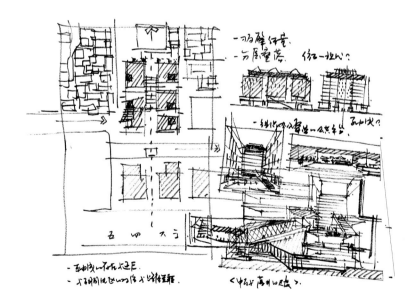

六百载隆福寺

　　位于北京东四地区的隆福寺始建于明景泰年间（1452年），随着明清庙宇的世俗化，被称为"诸市之冠"的隆福寺庙会成为北京最著名的庙会之一。

　　中华人民共和国成立后，东四人民市场取代庙会成为北京重要的消费品供给场所；而随着改革开放，拔地而起的隆福大厦成为北京"四大商场"之一。

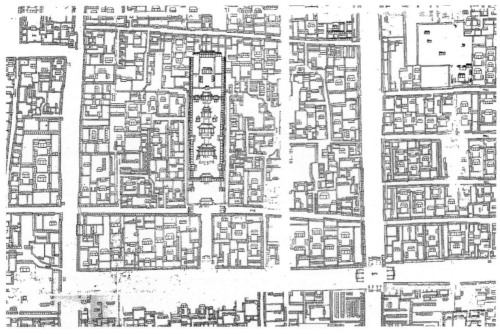

《乾隆京城全图》中的隆福寺地区肌理

1750 年

1950 年

2000 年

不同时期的隆福寺地区肌理变化

不同时代、不同模式的隆福寺地区商业

民国时期的隆福寺庙会（上图）
1950 年代的东四人民市场（中图）
1990 年代的隆福寺街（下图）

大火与衰败

1993 年的隆福大厦大火成为当年震惊全城的大事件。8 月 12 日晚 10 时许，因过热的镇流器短路，引燃了柜台的木制框架，大火瞬间蔓延起来，然而建筑自动灭火系统却由于水池无水形同虚设……直到 8 个小时之后的第二天清晨，大火终被扑灭。所幸，这场大火并没有致人死亡，但 2100 万元的经济损失仍使之成为北京自 1949 年以来损失最惨重的火灾之一。

这场大火烧毁了隆福大厦的后楼，这栋 4 层高的建筑建造于 1976 年，连同烧毁的还有它西侧建于 1972 年的单层货场，这两栋房子还是东四人民市场时期的产物。而那时所谓的隆福大厦前楼刚刚落成 5 年，号称北京当时最先进的百货大楼，好在这栋 8 层高的大厦仅局部过火，并没有造成过多损伤。

这块土地似乎和"大火"有着不解之缘。1901 年的隆福寺还是人们进香祈福之所，佛祖前的油灯被值更的喇嘛在瞌睡时无意碰倒，引燃幔帐并酿成大火，寺庙前半部分的两个大殿被烧毁。在明清之后逐渐被世俗化的庙宇无力也无意进行复建，被烧毁后的空地反被利用成为隆福寺庙会扩大的场地。

1993 年的大火后，凭借幸存的前半部分，隆福大厦在半个月后便恢复了营业。毕竟，火灾前每年 5 个亿的营业额让重整旗鼓变得异常紧迫。随后，它通过改扩建占满了场地，增加了两倍于原来的体量，而新增北楼与南楼在层高、东西边界上完全一致，统一设计的立面也抹去了新旧交接的痕迹。这栋新的 5.8 万 m^2 的隆福大厦在 1998 年投入使用。

在当年"夺回古都风貌"的城市建设舆论影响下，扩建的隆福大厦屋顶，一组空中楼阁般的仿古建筑应运而生。其布局和体量与原来的隆福寺寺庙建筑并无对位关系，更像是对作为地名的"隆福寺"的提示，夸张的形象也是那一时期对城市风格化的简单理解。

1993 年 8 月大火后的隆福大厦，可见局部过火痕迹

1998 年改扩建后的隆福大厦，屋顶增加仿古建筑

引进外资和国企改革是 1990 年代中国经济的两
大主旋律。作为当时北京四大商场之一的隆福大厦也
进行了股份改革，由北京市一商局作为大股东，中国
建设银行、交通银行、工商银行、宝安集团、北京市
商业咨询公司 5 家机构持股成立隆福大厦股份有限公
司。但和百货大楼、西单商场等升格为市商委直属企
业并积极与外资合作甚至上市的商场企业相比，隆福
大厦没有显示出股份机制的先进性，反而造成了决策
权和经营事务的脱离，管理体制严重滞后于市场发展。
管理问题也导致了 1998 年后的隆福大厦定位不清：
分别经历了服装、小吃、数码视听和音像批发市场的
定位，看似热闹，实则并未走出商品供给的单一消费
模式。

当然，隆福大厦衰败的客观原因更值得关注。改
革开放 40 多年来中国经历了快速的城市化进程，不仅
造就了很多新城，也使得北京这样的大型城市持续以
"摊大饼"的模式扩张发展，城市人口快速增加且大
量人口向城市周边聚集，传统城市核心区的商业设施
已经无法满足更多人群的日常生活需求，城市消费空
间的格局被迫转变。

2004 年 6 月 21 日夏至，在送走了最后一批顾客
后，隆福大厦首层的卷帘门缓缓落下。而这一关，就
是 12 年。在这 12 年里，除了隆福寺早市风风火火，
包括隆福寺街在内的其他地区，也因周边地铁建设、
城市管理整治政策等影响彻底萧条下来。

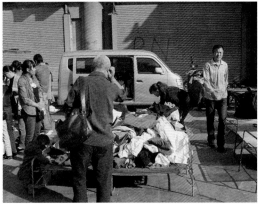

2012 年，停业多年的隆福大厦大门紧闭，前广场变成了停车场

隆福寺街区的城市设计研究

在隆福大厦停业 7 年之后，激活与复兴被重新提上日程，针对隆福寺及周边片区的城市设计研究工作率先开展。

2011 年初，《东城区总体发展战略规划 (2011-2030)》发布，战略规划提出"以隆福寺地区为核心建设文化艺术品高端交易中心，打造文化商业区；以'大隆福'理念整合区域资源，构筑高端文化艺术品展示交易平台，打造具有国际影响力的艺术品创作与交易中心"。2012 年 10 月，中国建筑设计研究院设计团队在崔愷院士领导下，接受委托开始进行隆福寺地区城市更新的设计研究工作。在持续两年的城市设计研究过程中，我们努力践行本土设计理念，"追求一种渐进式的、生长式的、混搭式的、修补完善式的改造状态"，尊重城市记忆和既有环境，珍视时间痕迹和历史信息，关注日常状态和生活需求，力求塑造更加和谐友善、可以辨识、持续发展的城市环境，让生活于其中的人们都能感受到善意、尊重和关照。

在这片以东四西大街和钱粮胡同为南北边界的 20hm² 的土地内，叠合了各个时代城市发展的痕迹：既有传统胡同四合院，也有自 1950 年代陆续建造的高层办公楼，中心位置的隆福大厦显然是体量最大的那个，不过它又借着屋顶的一组仿古建筑，在航拍视点中似乎藏匿在了老城肌理之中。这样混合与矛盾状态的城市肌理让这块土地没能像它东侧的邻居——东四三条至八条胡同一样（1999 年即被列为"北京市旧城 25 片历史文化保护区"之一），成为老城内被严格保护的对象。所以这一区域城市更新工作面临的不仅是风貌保护问题，更重要的是如何处理以实体为特征的现代建筑与以肌理为特征的传统区域之间的矛盾，并努力建立起某种融合的状态。

然而仔细端详，它仍然保有自明清以来的街道格局骨架：一方面是隆福寺南北向清晰的轴线，它贯穿了东西向的 3 条不同尺度的街道——东四西大街、隆福寺街、钱粮胡同；另一方面，隆福寺东西向的旧有边界同样清晰存在，与两侧不同的胡同四合院肌理尺度明确划分开。

于是，城市设计的首要策略就是修复和强化街区网络，呈现由隆福寺街串联的纯步行的公共空间，同时放大 3 个广场作为节点，衔接新建或改造建筑，并形成步行系统蔓延到周边四合院住区，而街区中的建筑体都是面向街道的开放商业店铺。重新编织扩大的街区网络将"街道—店铺"空间类型的价值最大化。作为隆福寺地区历史上最经久的一种空间类型，隆福寺街与隆福寺庙会相生相应，有着 300 年历史的"白魁老号"便诞生在隆福寺街，之后书肆、古玩、字画店等文化业成为清末至民国时期这里的主要业态。而在隆福大厦落成后，随着市场经济蓬勃发展，以服装和小吃为主的百余间门店陆续开业，隆福寺街又开始变得熙来攘往、车水马龙。

城市设计中也对隆福寺东街的建筑界面修复提出时空再现的小策略：从东至西依次以明清、民国、当代的风格化建筑语言刻画建筑表情，随时间逻辑呈现出有穿越感的街道情景氛围，也提示着隆福寺街的过往。

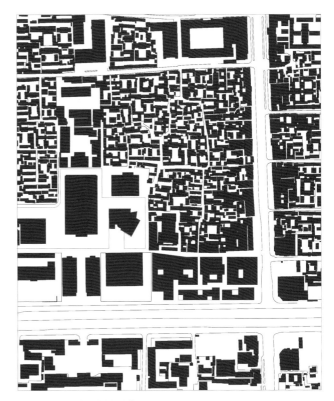

隆福大厦停业时期的隆福寺街区肌理

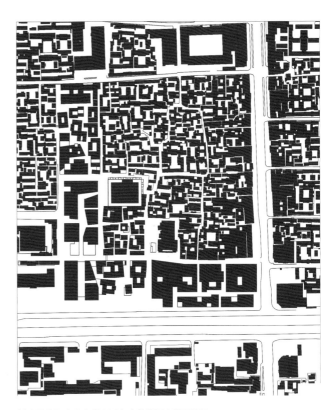

城市设计研究方案（2014年）的隆福寺街区肌理

城市设计的另一个主要策略是对街区屋顶系统的整合。连续的灰色坡顶覆盖不同体量的建筑和不同尺度的城市空间，以达成整合风貌的目的，更好地与北京老城的形象和氛围重新缝合。连续屋顶趋势的确定也是基于日照分析的结果，因为日照是限制建成区建设的首要输入条件，通过日照分析可以拟合出最大可建设体量的空间边界。

这背后也反映了当时业主追求建设量的初衷：即通过商业规模最大化来实现开发成本的经济平衡。"土地经济"在很长一段时间都是资本开发的逻辑，经济账都是通过将来得到的可租售面积来简单核算。直到2014年初，习近平总书记在考察北京时明确提出疏解非首都核心功能，北京市后续发布的《北京市新增产业的禁止和限制目录》(2014 年版) 中提出"中心城区禁止新设营业面积1万 m² 以上的商业设施"，由于城市更新政策的限制，以及更强调建设质量的"空间经济"概念的兴起，追求建设量的思路才被逐渐改变。

屋顶整合策略除了风貌上的意图外，也有对屋顶下空间的关照考虑。它提供了不同高度、不同尺度的灰空间，打破了建筑的边界，让室内外的公共活动贯通。

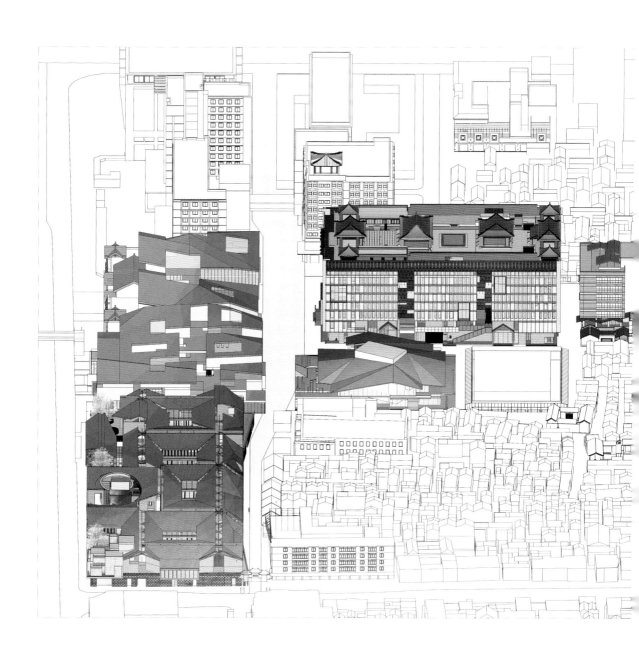

这种覆盖唤起了人们对庙会时期各色帐篷下消费空间的回忆，也为将来公共空间内自发性、事件性的活动提供场所，在重拾老北京城市记忆的初衷上提供了可行的解决方案。

2013—2014 年，隆福寺地区的城市设计工作经过两轮"北京名城委专家会"的审核。专家均对设计策略表示认可，因为从屋顶到街巷的解决方案都是系统性且开放的，并未对某个区域进行死板的限定，完全能适应将来各地块开发时面临的具体问题。乌托邦的场景是对老城未来开放式的构想，城市设计最终并未形成法律上的规划调整文件，而接下来几年具体项目实施过程中设计团队面对了更多的不确定性和未知的限制与挑战。

将隆福寺地区城市设计方案（2013-2014 年）与后来改造实施的新隆福大厦 (2019 年) 叠合绘制的轴测意向图

鸟瞰新隆福大厦和隆福寺北里

新隆福大厦

2014 年，隆福大厦的改造作为街区更新的第一步率先启动设计工作。新隆福大厦的定位不再是一栋商业建筑，而是以文化创意办公为主、在低区和屋顶层配置服务型商业空间等公共功能的办公综合体。

在高度、规模、边界条件都不能改变的前提下，新隆福大厦的设计工作首先要重新界定适用于办公的平面分区、解决大进深空间的采光通风和消防疏散等问题，其次要对两个时期的结构主体进行检测和加固，更换机电设备系统，当然也要重新设计外立面，给大厦一个新的形象。

2016 年，围护结构拆除后，仅保留结构框架的隆福大厦

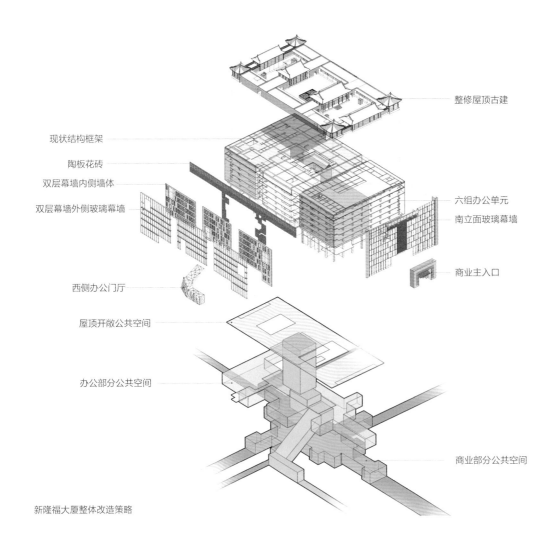

整修屋顶古建

现状结构框架

陶板花砖

双层幕墙内侧墙体

双层幕墙外侧玻璃幕墙

六组办公单元

南立面玻璃幕墙

商业主入口

西侧办公门厅

屋顶开敞公共空间

办公部分公共空间

商业部分公共空间

新隆福大厦整体改造策略

雪后的新隆福大厦和西侧的胡同区

消解体量

由于隆福大厦的体量与周边胡同四合院尺度悬殊，规划主管部门在方案审查中提出的主要要求便是通过设计将隆福大厦的体量消解，同时规模、高度、边界等原规划指标条件不能改变。结合平面分区和结构加固的内在逻辑，通过延续东西两个立面的划分并强化了原来的三组体块，让长向的建筑尺度至少在视觉上是被拆解的。

本次改造前，作为单纯商场功能的隆福大厦外墙均为实墙，这也是那个时期综合商场的普遍特征。本次改造的三至八层要转变为办公功能，需要通过打开封闭墙面来实现内部采光通风需求。设计没有简单地做成城市写字楼常见的玻璃盒子，而是通过双层幕墙的设置达到一个均衡的效果：内层灰色实体墙开窗，延续了老城色彩体系；外层设置的玻璃幕墙则通过反射效应在一定程度上消解了建筑体量。

改造前的隆福大厦西立面

新隆福大厦西立面

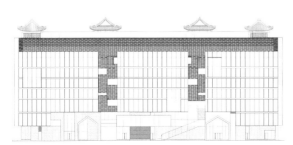

东立面图

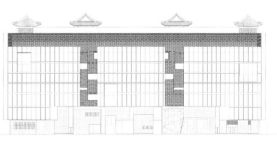

西立面图

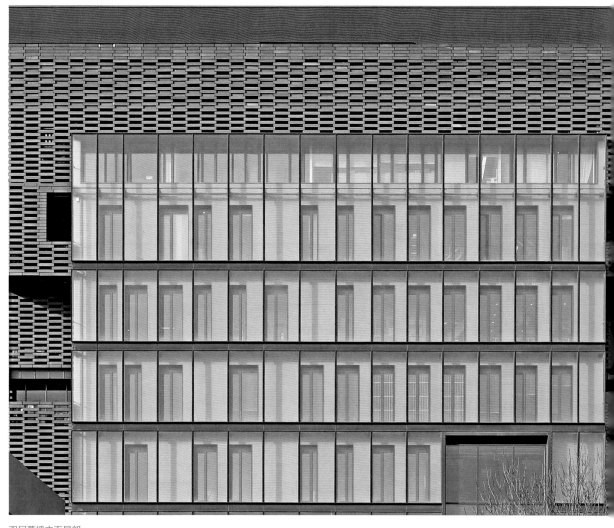

双层幕墙立面局部

内层灰色实体墙开窗，延续老
城色彩体系；外层玻璃幕墙一
定程度地消解建筑体量。

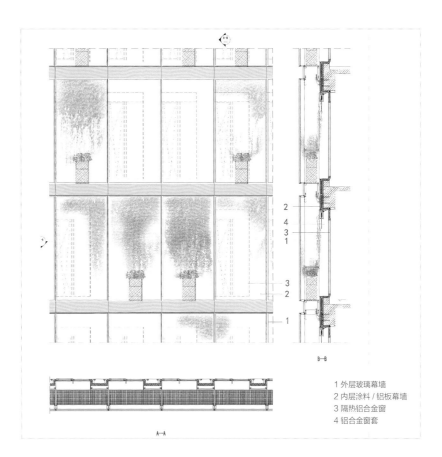

1 外层玻璃幕墙
2 内层涂料 / 铝板幕墙
3 隔热铝合金窗
4 铝合金窗套

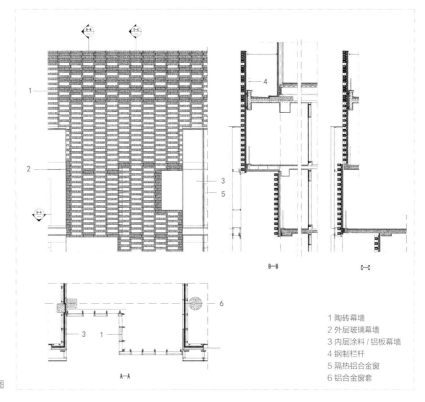

1 陶砖幕墙
2 外层玻璃幕墙
3 内层涂料 / 铝板幕墙
4 钢制栏杆
5 隔热铝合金窗
6 铝合金窗套

双层幕墙构造图

融入街区

　　新隆福大厦在地面层继承了城市设计的基本策略——在建筑内部引入街道，并对接外部街巷。首层的商业空间被轴线主街和延展到东西方向的支线街道拆分成几组单元。同时原来大厦首层完整的界面也顺应内部的变化被拆解，使不同材料组合的盒子以及坡屋顶形态更好地与周边住区在尺度上融合。

　　历史上的隆福寺以及东四人民市场的东西边界清晰而封闭，扩建后隆福大厦的主要入口还是从南侧进入。本次改造彻底打破东西边界壁垒，不仅是为了带来其自身的开放性，将步行尺度融入建筑，也期待着能带动东西两侧地块在后续更新中的改变。同时，设计中的店铺保持内外两个方向均有入口，商家入驻后也是按照这种方式运营，这在空间类型上也可以看作综合商场与街道店铺的某种混合演化。

模型东立面

西立面办公入口　　　　　　东立面底层商业店铺入口

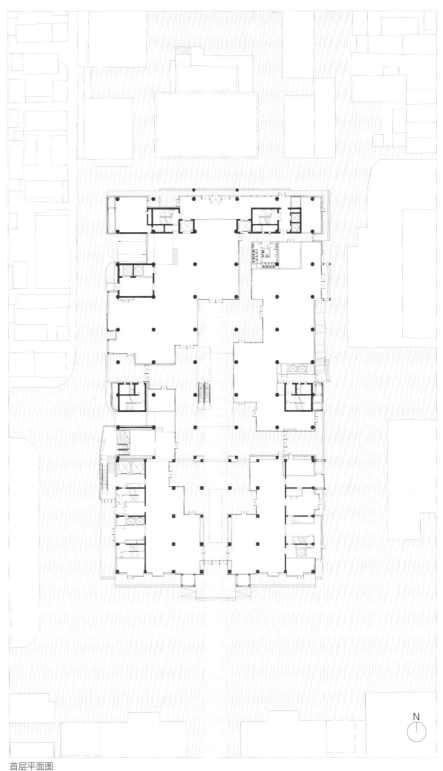

首层平面图

办公聚落

隆福大厦是一个长 100m、宽 60m 的方盒子，6000m² 的标准层面积是常规高层写字楼的 3 倍。与通常新建的商业办公综合体相比，隆福大厦并没有集中的塔楼核心筒，也无法将办公门厅设在地面层。我们将办公大堂提升，设置在一、二层商业之上的三层。这个办公大堂通过东西两个方向直达地面的扶梯与外部城市衔接，并设置了咖啡厅、接待、展览等服务于办公人群的公共功能，而从地面层到三层不同属性的公共功能叠加，形成了新隆福大厦低层范围的立体街区。在四层以上，同样需要将商场庞大的标准层化解为适用于办公建筑的尺度，还需要解决过大进深导致的自然采光不足及通风不畅问题，并通过建立清晰的空间体系来强化识别性。结合现有核心筒位置，大厦标准层被相对均匀地切分成 6 个单元，每个单元均小于 1000m²，单元之间可分可合，便于后期市场运营。在室内设计中，每个单元的公共空间在纵向上采用一套相同的色彩体系以提高识别性。

南北向单元与外部拆解的体量对应，在单元之间设置室外平台以尽量将自然光线引入建筑内部。原商场的中庭被保留并改造为光井，东西向单元贴近中庭采光，而中庭南北两侧则将走廊放大成为非正式办公场所。

在将商场主体改造为办公楼的过程中，原先过大的进深导致内部并非所有空间都能成为高效舒适的办公场所。比如各层中庭附近留出的空地、联系室外平台的放大走廊，以及三层的办公大堂等，这些未被完全定义功能的空间在实际使用中被自发改造为健身活动等各种生活化场所。它们紧密地附着在生产空间周围，成为这个高密度办公聚落的新隆福大厦中的重要绿色纽带。

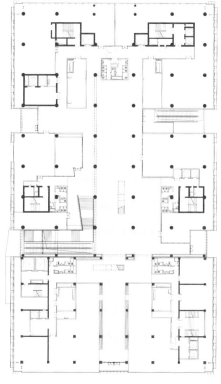

三层平面图

纵向采用不同色彩体系的办公区电梯厅

位于三层的办公大堂及中庭

原商场的中庭被保留并改造为
光井，东西向单元贴近中庭采
光，而中庭南北两侧则将走廊
放大成为非正式办公场所。

从胡同看新隆福大厦东北向立面

连接首层办公入口至三层大堂的
通高扶梯空间

东立面底层局部

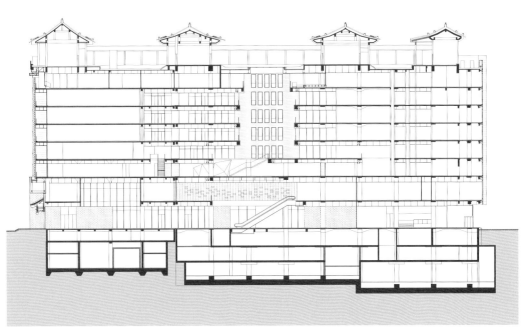

剖面图

激活屋顶

在 2013 年城市设计阶段，就屋顶仿古建筑的问题我们与北京市名城委专家的交流中曾有过不同意见的讨论。讨论达成的共识是，既然这组仿古建筑已成为隆福寺地区的某种认同和记忆，是一个时期的特征，那么还是要加以谨慎对待。所以最终的实施方式是，结合新的使用要求，仅在原有结构的基础之上修复更新古建筑细节，并未改变原有的风貌。

我们的工作聚焦在重塑屋顶建筑与主体关系、整理屋顶院落的空间层次，并重新发掘屋顶的场所价值上，希望这里成为能被广泛使用的公共场所——隆福文化中心。

在建筑形式关系上首先增加了两面完整的红墙，重新定义了屋顶的东西边界，将仿古建筑明确置于红墙之内。红墙里一组琉璃瓦屋顶的意象更清晰，墙与院的关系、建筑形制与色彩系统上的对比强化了古建筑的漂浮感，使以前那组松散的仿古建筑被转化为某种超现实的存在——从隆福寺留下的地名和场所精神开始的城市叙事。

红墙之内的古建筑布局更强调了两组院落空间。通过调整空调系统和主机位置等一系列技术设计，将原屋面布置的大量设备（如空调室外机、排烟风机等）移位，形成完整集中的可利用空间，同时新增电梯建立直达屋面的专用流线。

在早期方案中，屋顶东西两侧增设了部分展厅功能，并基于此进行了院落、流线、边界的设计，后来在甲方意识到这种增量建设仍有悖于城市疏解的方针后便被搁置，不过这反而留出了更大的屋顶庭院空间，并成为建立景观视廊的机会。在这片超过 30m 高的屋顶上有着老城中难得的高视点，西边是以西山为远景，以北海白塔、故宫、景山、美术馆为前景的传统城市画卷，东边则是高楼林立的 CBD 现代城市风貌。

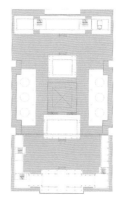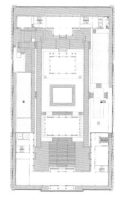

屋顶平面改造前（左图）后（右图）

改造前屋顶的仿古建筑

改造后的屋顶新增的红墙重新
界定了屋顶的空间关系，这里
成为远眺、欣赏传统和现代的
北京城市画卷的公共空间

隆福寺北里：化整为零

　　隆福大厦投入使用的同时，作为街区更新第二步的隆福大厦后院也在 2019 年陆续完成改造并开放使用。这几年恰逢北京首都城市功能定位的调整逐步落实，这部分的设计也随着政策调整几经波折，当"老城不能再拆"成为前提，隆福大厦后院最终以化整为零的姿态完成了更新改造。

　　原先随机生长的大大小小的服务用房都被重新赋予文化商业建筑的身份，曾经封闭的大院后勤区也摇身变成一个开放的时尚聚落并被更名为"隆福寺北里"，和最初的历史记忆在文本上衔接。

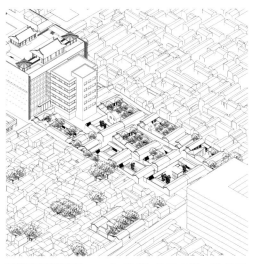

前期的城市设计阶段：隆福大厦后院以四合院方式规划

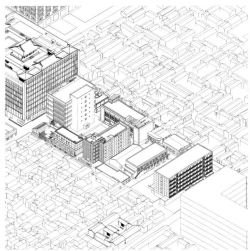

最终实施方案：以单体装修改造的方式进行

新隆福大厦和北侧的隆福寺北里

多种方式的更新改造

　　隆福寺北里总建筑面积1万多 m²，由十几个子项组成，最小的几十平方米，最大的3000m²，有拆除、有翻建、有改造、有加固，并要结合不同阶段的策划要求随时调整设计，甚至有的子项已在施工中，又面临租户的再次改造。

隆福大厦·装修改造

原仓库楼·装修改造·办公

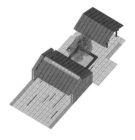

原门房·改做景观装置

原食堂楼·装修加固·美术馆
由于功能变化，由木木美术馆
重新进行内外装修

原医务室·加固·餐饮
内外装修均由租户自行完成

原车库·装修加固·零售

原配电室·翻建·餐饮

原宿舍·翻建·办公

原库房·翻建·零售

原库房·加固·餐饮
内外装修均由租户自行完成

原办公楼·酒店
结构及装修改造均由租户自行
组织委托

锅炉房楼·加固·未做装修

改造后的隆福寺北里

原有的多栋一商园区服务用房
被赋予新的、具有多样性的文
化商业建筑身份。

隆福寺北里一
角，多种改造方
式并存

从隆福寺北里看
新隆福大厦

城市记忆

2019 年 5 月，北京的初夏，张广源老师第一次去改造后的新隆福大厦拍照片。夕阳映衬下的西山勾勒出北京城的轮廓，屋顶红墙里的一组金色琉璃瓦屋顶呼应着不远处的中国美术馆和景山，大厦的幕墙反射出近处成片的四合院。看着眼前这幅画面，不禁让人想起 2012 年第一次踏勘现场时萧肃落魄的景象。如今那座仿佛被时代抛弃的隆福大厦重获新生。不过这只是一个起点，随着周边地块改造建设的开展，可以想象这里将会萌发出勃勃生机，未来让人充满期待。

我们回来后耐不住兴奋的心情，有时也和身边的同事、朋友聊起老城更新改造的话题，给大家讲讲参与隆福大厦改造的感受，看看新隆福大厦的照片。一个未曾预料的问题是，居然不止一次有人会含蓄质疑：为什么在今天的设计语境下，还要在屋顶做一组仿古建筑！这让我一时语噎，陷入思考。或许作为参与改造的建筑师，我以为众所周知的信息和前提，在别人心里却是模糊的。但作为当年北京四大百货商场之一的隆福大厦，尤其是它在大火之后扩建的那一组琉璃瓦大屋顶，反映了一个时期北京建筑风貌的特征。这段城市发展的历史不应该是模糊的。

1993 年隆福大厦的大火被央视新闻报道，当时电视媒体作为最重要的传媒方式深刻地影响着社会。而在 30 多年后的今天，随着信息时代飞速的发展，电视媒体日渐式微，网络上铺天盖地随时更新的消息和新闻不断地刺激着人们的好奇心。那些以取悦大众为目的的信息、字码、音频、视频、图像，让人湮没其中，记忆越来越短暂，遗忘的越来越多，行为越来越回归本能，思考越来越浮于表面。这些信息仿若一道浓浓的认知雾霾，遮住了时代的视野，让我们似乎只能看到眼前，时间的深处愈发模糊。

但对城市而言，通过记忆展现出的经久性以及那些承载记忆的场所，才是构成其象征意义和价值的根本。经过这些年在老城的工作，我们更加深刻地理解了形成城市记忆的要素和保存的方式，不断地去思考和认识如何审慎地对待这些信息、如何挖掘展现其价值。对城市而言，所谓记忆不是封存在老照片和历史书中的图像和文字，而是在每一片区和每一栋建筑中记录的、属于城市的集体记忆。正是在一片场地上发生的故事和延续的生活状态，赋予场所以活力和价值。从源起到兴盛，从兴盛到衰落，又从衰败走向复兴，在这样往复更迭的历史进程中，城市的特征和魅力沉淀下来。那些转换了用途的场所、改变了功能的建筑，在更长的生命周期里，带着过去的特征，讲述着今天的故事，为城市增添了可以辨识的厚度。大城市的复杂性和丰富性都在这历史记忆的叠加中呈现出来。传统北京和现代北京形成的冲突和矛盾，在时间和记忆的软化下让这座城市拥有了历史的积淀、混合的魅力和复杂的多样性，愈发充满活力。

20 世纪的法国哲学家、思想家米歇尔·福柯（Michel Foucault）通过广博深入的研究和著述，曾向我们提出过一个看起来非常简单的问题：现代人是怎样变成今天这副样子的？这不是一个用传统的历史学，或者说以重大事件的序列这种叙事模式为基础组织起来的历史学能够回答的问题。福柯在这种传统历史学的连续性背后找到不同的断层，从而在回答问题的过程中，让我们意识到各种力量对人的塑造。在隆福大厦改造的设计过程中，作为建筑师，我们也想问自己一个类似的问题——当下的城市是怎么变成今天这副样子的？同样，这也不是一个用城市总体发展历史来回答的问题，或者说也很难给出一个清晰肯定的答案。但当我们以提问者的视角去看待城市发展的历程时，就有机会从不断发展变化的现象中去捕捉种种决定或推动这些变化的微妙力量。同时，这样的提问也指向城市形态和风貌背后所包容的那些常常被忽视的内容——丰富的生活场所、具体的生活方式，以及参差的生活质量。这些年的工作让我们对老城的态度有所转变，相较简单的保护，更倾向于尊重真实的演变。城市发展是一个动态的过程，在看似不变的场景下，从未停下脚步的生活已然走向远方。比保护更重要的是让老城真正活下来，能包容当下的生活内容、适应今天的变化。要呈现或面对这些变化背后的力量，不仅要从城市整体的角度看，更要从具体项目出发，让人理解这些力量是如何发挥作用的。

隆福大厦地区的改造更新设计恰恰是这样一个具体而生动的样本。一方面，建于600年前的隆福寺已经消失，它见证了北京城的兴衰。时至今日，虽然我们只能在老照片里看到一丝隆福寺模糊的影像，但它还是留下了一个地名、一条轴线和一圈边界，以及由此建立的与周边区域的关系和留在人心中的记忆——直到今天依然影响着这一区域城市格局的形成。另一方面，隆福寺地区从庙宇到集市、从传统街区到现代建筑、从功能性的商场到装饰性的符号，再到今天，从商场转型办公空间——北京城近百年的发展历程都在这片场地上留下痕迹。而在这次改造过程中，又正逢北京城市发展的重大转型期，从环境问题引出的对大城市病的讨论、新的城市功能定位的落实、中央城市建设精神的贯彻等，种种因素都决定了大厦今天的模样。

越是理解记忆之于城市的意义，就越意识到一种必要性和紧迫性，那就是要把隆福大厦改造设计和研究的过程整理记录清楚，通过梳理挖掘设计过程中的细节，让将来的人们有机会理解最终的状态是如何达成的，以此作为保存一段城市记忆的线索和证据。

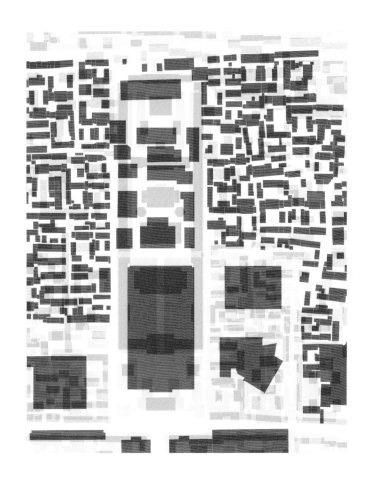

隆福寺街区肌理随时间推移而不断变迁

街区的持续更新

前一阵看到新闻报道，隆福寺片区沿东四西大街的片区即将整体亮相，想想我们2012年开始参与这个片区的更新工作，已经过去12年了。片区里的商家门店这些年也在不断地更迭，尤其是疫情前后，片区氛围还是有很大的变化。现在这一区域的

改变，主要是原来那些大体量现代建筑的更新改造，还有地铁上盖的开发，这些新的场景要想呈现出自然真实多样的城市生活，未来的机会可能还是孕育在钱粮胡同和周边四合院平房片区之中，也需要更多生活在这儿、对隆福寺片区有感情的人们愿意为维护或者塑造自己的生活环境而努力。我想主动的更新和自发的演变交织在一起，一定会让这一区域更富吸引力。

从周边传统民居看新隆福大厦

访谈：
从城市进化到建筑更新

对谈人
范路 F / 柴培根 C

|F| 当前，北京城市建设正处于转型发展期，由大拆大建进入了减量提质的阶段。如果从"城市更新"或"城市进化"的学术角度看，隆福大厦改造项目具有怎样的典型性和代表性？

|C| 关于这个项目的典型性和代表性可以分为以下四个层次。第一个层次是地名。隆福寺现在只剩一个地名了，北京类似这样的情况还不少，一条街道或一个街区只剩一个名字。隆福寺还算好，到 1950 年代才真正被拆除。因为时间并不久远，人们至少还知道它名字的由来和大致的历史，但很多地名却已无法追溯。我觉得地名作为城市发展的一个特别重要的痕迹，是应该得到充分尊重的。隆福大厦的上一次扩建是在二十多年前，在屋顶上新建了一组仿隆福寺格局的古建筑，我想这也是当时的建筑师从地名开始对这个区域的特征进行的一种描述。在 2020 年底"城市的进化"研讨会上，崔愷院士谈及隆福寺项目时表示，虽然他并不赞同那个时期给所有建筑加大屋顶、夺回古都风貌的做法，但它至少反映了一种态度，表达了建筑师对北京旧城和历史最基本的尊重。所以在城市地名和城市记忆之间，如何形成一种可以传承和延续的关系，是隆福寺项目的一个特征。

第二个层次的典型性是隆福寺从有到无、又从无到有的状态，体现了城市发展的变化过程。在不同时期，隆福寺以局部和片段的形式，记录了城市发展的一些真实状态。在接触这个项目之前，我们对这些情况并不了解，也正是因为要做这样

一个工作，才有机会了解这个城市区域的发展变化。我们最初是从研究工作开始的，在一点点整理资料和挖掘线索的过程中，意识到通过这样一种研究，能让更多的城市记忆沉淀下来，让这个城市的历史信息更丰厚。可以说这个项目给我们带来的一种工作方式或者说研究习惯一直延伸到以后的城市工作中，我们觉得这是一种对城市负责任的态度。

第三个层次比较典型的特征是，这个项目处在现代建筑体量和传统城市肌理形成冲突的一个区域。在隆福寺地区这样一个传统城市发展的脉络中，周边是传统的社区，门前有非常热闹的早市，甚至还有网红店，但其中又存在着隆福大厦这样一个庞然大物。项目开始前，隆福大厦是悄无声息的，它四门紧闭，落寞萧条，这种状态在北京内城很少见，与周边的生活场景和氛围有着强烈的反差。当然，这种状态又是和隆福大厦本身的兴衰密不可分。

第四个层次是城市空间层面，项目典型地反映了城市在发展过程中现代化特征和传统城市肌理之间的矛盾和冲突。隆福寺地区正好被三条东西向的街道穿越：一条是东四西大街，一直到中国美术馆，是非常现代城市尺度的一条交通干道；后面是隆福寺街，它与东西北大街的交口处还有一个牌坊，原来的长虹影院以及一些小吃店都在这条街上，一直延伸到民航局大楼的后面；再往后就是钱粮胡同，完全是老城的尺度，当然里面也出现了一些现代建筑。三条街将这个街区做了一个限定。我们其实是放大了研究的视野，关注的

不只是隆福大厦本身，而是它所处的区域。

|F| 隆福大厦改造项目从 2012 年开始到 2020 年建成，期间北京城市发展的定位和规划政策有怎样的调整？在这个过程中，项目的业态策划和生活构想又有哪些变化？

|C| 最开始接触这个项目的时候，我们想到的以及业主策划的都是区域复兴，提出的概念都是从"隆福"两个字出发，寓意"兴隆幸福"，想让这个街区恢复人气，变得更热闹。但恰好是从 2012 年开始，北京城市发展定位和规划政策有了比较大的调整。当时正是北京雾霾最严重的时候，中央提出应该让首都静下来，北京城市建设要为首都提供一个更好的政务保障环境。市领导在现场视察项目时，对我们的设计思路表示担心，觉得在新政策的语境下不宜进行过多建设，甚至考虑是不是将隆福大厦拆除直接变成绿地。

所以对这个项目来说，政策应该是最重要的标准。随后"让首都静下来"的说法慢慢变得越来越具体，对老城区的更新改造要求也越来越严格。最开始甲方打算将隆福大厦后院——北侧的一商园区整个拆除重做，但后来又说老城不能再拆，一旦拆了就不能再建。

作为甲方自然要权衡公司的收益问题，而在这个项目中基本不盈利。但作为国企，甲方有一个很重要的收益核算，就是国有资产总量，这些面积是可以换算成国有资产的。但如果面积减少，其损失是无法弥补的，所以如果拆了房子后不允许再建这么多面积的话，那宁可不拆。这些都是政策调整对项目带来的影响。因此，设计团队对其功能进行了多次策划。随着新政策的出台，到后来的正面、负面清单，究竟哪些产业形态可以出现都需要仔细分辨。因为这里是核心区，哪些能做、哪些不能做，变得越来越关键。比如大型商业显然是不能做的，所以新隆福大厦上层基本是国资公司下属各个企业的办公区，底层是文化产业如小型美术馆，甲方还计划与故宫商谈将一些展览

放进来，进行文化设施的建设。

至于商业部分能做哪些业态，也受到了很多政策的影响。比如屋顶仿古建筑的使用，最开始设想了一些比较高端、私密的文化场所，但后来政策明确规定这类业态都不能做，所以我们将其设计成一个向城市开放的公共区域，将屋顶平台的公共性还给城市。

|F| 所以相对最初的思路，项目完成后的商业租金收益是明显要少的？

|C| 我个人感觉这个账是算不过来的，它肯定不是一个商业行为。虽然整个园区的规模不小，有很多网红店，如咖啡馆、餐厅、啤酒坊，还有书店和木木美术馆，但其面积占比在整个体量里非常小，目前只是显得很有人气、很热闹。所以我想，其租金收益对于整个园区运营成本的解决应该非常有限。

|F| 项目历经 9 年多时间，其间您的设计观念和方法是否有变化？您提出的"城市进化"中城市结构基因的自主性和延续性该如何理解？

|C| 2020 年底，中国院举办了以"城市的进化"为题的展览，展出了隆福大厦改造、常德老西门历史街区改造和前门 H 地块城市更新规划三个项目。展览题目"城市的进化"由崔愷院士提出，它强调城市是有生命的有机体，其发展过程既遵循自身内在规律又应对外部环境，在进化中体现出顽强的生命力。那么隆福大厦改造项目如何体现"城市的进化"这个主题呢？我认为所谓进化，基因是不能回避的核心问题，没有基因就无所谓进化，而基因是有自主性和延续性的。

还有一点，建筑师和项目其实是互相塑造的。我有缘接触到这个项目，坚持了这么多年最终实现了一些设计想法，但反过来，这个项目也在一定程度上影响并塑造了我们的设计观念。其实中间有一段时间很困惑，这么做政策不行，那么做经济上算不过来，一度觉得这事儿没法做了。但你

又不能不管，所以只能不断地学习和思考。我一直认为作为建筑师，其实是在赋予形式、空间和材料的秩序感，但在这个项目中，很大的困惑就是很难找到某种秩序感。

直到后来，我偶然接触到一本书《从混沌到有序——人与自然的新对话》，作者是诺贝尔化学奖得主普利戈金和他的学生斯唐热。书中谈到从熵增的角度来说，不断增加的复杂性和偶然性改变了经典物理学中的时间观念，指出时间的不可逆性，也就是所谓的时间之矢，这不是通常生命意义上的不可逆，而是一种观念上的转变。在这一前提下，有序是在一种耗散结构中通过自组织的方式产生，而不是基于泛灵论由一个神明主宰设计出来的。如果是以这样的角度看城市，就能理解秩序不仅是一种表面的、依赖于形式语言的空间序列和材料构造的秩序，更是一种隐藏在真实的社会进程中的某种一致性、连续性和确定性。看到这本书的时候，我忽然觉得对这个项目能有一点新的理解了。秩序感不是由建筑师个人描绘出来的，而是对场所的尊重，尤其是城市更新项目，有复杂的历史背景和环境信息，还受到政策、经济和各种社会因素的影响，它们交织在一起，我们不可能控制全部，只能在设计过程中尽量协调各方面因素，顺应项目本身发展的自主性，这可以说是我设计观念上的一个很大的变化。转变了

观念之后，我发现我能更好地看待设计过程中尤其是这么长周期里出现的各种问题、更积极地去面对，也不太纠结后面甲方是否完全按设计方案操作，商户是否进行二次装修和改造，甚至有些是不按照我们最初的想法去发展的。虽然从某种专业视角来看这挺"乱"的，但这种"乱"是生活演进的过程，它产生的秩序有可能比最初的设计更生动、更巧妙，而这种自主生长产生的秩序，就可以看作是城市进化的基因。

|F| 如果说具有自主性的城市基因是设计观念上的认识，那么对应到设计方法层面，您在项目中提出了诸如城市边界、中轴线等经久性元素。您能否具体介绍一下是如何提炼并应用这些元素的？

|C| 必须得说明一下，并不是我们在做设计之前就先找到了这些经久性元素，然后抓住这些线索去开展设计。有些东西其实是在设计过程中慢慢意识到的，甚至有些是在设计完成回头看的时候才发觉的。这也能和我刚才提到的城市结构中的自主性和延续性对应起来，就是说建筑师不能够操控一切。

关于边界，我认为任何项目都要注重边界。边界不是红线，而是场所之间接触或碰撞的状态。如果边界很清晰，项目就比较容易开展，否则就会觉得难以下手。在隆福大厦改造项目中，边界处在一种不清晰、不稳定的状态。这不是指红线或地权上的不清晰、不稳定，而是指在设计中面对的对象，如项目与相邻地块之间究竟是设一堵围墙，还是打开让车通行，这些状态是不确定的。

以隆福大厦的一商园区为例，它和两侧的四合院之间就存在边界问题。我们最开始想的是把里面的锅炉房和宾馆都拆掉，拆掉之后重新做院子，这样就能和两侧传统的城市肌理衔接在一起。但问题是，这道墙是两边院子共用的，拆了之后别人怎么办？所以这个边界就很麻烦。后来规划部门提出，希望这个项目能为老城的交通带来一些改善，所以要求在项目两侧做可以通行汽车的街

道。在和规划部门沟通了道路的衔接、宽度、单 /
双行后，边界就变得很清晰了，设计团队只需在
边界内完成设计即可。然而实施时却发现很困难。
因为原来的边界其实基本上就是原来隆福寺的边
界，不管是在院内改建的一商园区，还是院外的
传统社区，胡同和道路的形态以及人们通勤的走
向一直都没有改变。这时我们意识到，边界不是
一种物理上的分割，而是被诸多地权挤压形成，
而在更多力量的挤压下，它是相当稳定的。就是
说一商园区不可能把自己的地退让出来修一条路；
而院外是老百姓的房子，也不可能拆了去修路。
所以在这种状态下，这个墙就很难动。

同时，我们也觉得边界恰恰就是这里能延续下来
的、能反映隆福寺这个地名的重要特征。虽然隆
福寺的房子没了，但边界没有动，其中的肌理模
式很清楚。所以我们也在反思，如果按照最初的
做法将这里全部填成院子，将周围的肌理延续过
来，其实是彻底抹平了这里曾经有一个寺庙的历
史特征。反而按现在的方式保留边界，通过园区
内的库房和办公用房，是能够模糊地感知到原来
隆福寺两进院落的空间结构。再有很重要的一
点就是，原来老百姓从钱粮胡同或隆福寺街进入

寺庙时和在两侧胡同中这两种空间体验完全不同。
现在这种差异性还在，就是人们从钱粮胡同进一
商园区喝咖啡或是去美术馆观展，与在两边胡同
里仍然有很大反差。

由此可见，边界是能够把历史区域特征记录下来
的一种方式。从这个意义上说，城市的经久性元
素不是设计出来的，而是各种历史因素在场地中
沉淀下来的。建筑师应该做的是认识和理解它们，

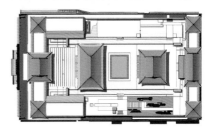

在未来发展的过程中，更好地把这些特征保护、维持下来，而不是破坏它们。

[F] 除了边界，您在项目中提到的经久性元素还有中轴线、隆福寺形象符号、红与灰的城市色彩，能否具体介绍一下？

[C] 中轴线其实没有边界那么典型。项目最开始的时候也想到了轴线，毕竟隆福大厦原来的正立面就是对称的，但是方案并没有着重强化轴线，因为这其实是一组现代建筑对传统城市街区的入侵，所以方案更多考虑的是对街巷尺度和肌理的修复，甚至在早期方案中特意将主轴线偏移至一侧，还设计了一些转折和变形，以使它看上去没那么严肃。隆福大厦原来的边界非常封闭，我们虽然不能将其巨大的体量拆解，但可以让底层的空间更具渗透性，设计最开始就是从这个角度出发的。有意思的是，随着设计的深入和最终方案的实施，轴线慢慢浮现出来，体现了它的控制力。首先在屋顶上，这组仿古建筑虽然是拆了重修的，但其空间格局一直保持对称；首层的室内虽然在东西方向上能够被穿越，但从整个南北向的商业动线包括中庭来看，依然是对称的；若将首层最北端的食堂打开，人们一路走过去，可以直接进入后面的一商园区。所以从这些方面讲，中轴线是有它的自主性存在的。

对于屋顶上的仿古建筑，大家一直有误解，不只是普通市民，一些建筑师也会疑惑，为何要在屋顶上设计一组仿古建筑的"庙"。与我年龄差不多的人应该还记得20世纪90年代"夺回古都风貌"的时期，许多重要建筑都加了大屋顶，比如北京西客站。隆福大厦屋顶的仿古建筑正是当时的政策在城市发展中留下的痕迹，现在的政策也会在城市发展的各个场所留下痕迹。这些痕迹一层一层地叠加，其实就是城市发展变化的过程。就像罗西所说，你从一个纪念物进入了一个时间阶段，另一个纪念物又代表了另一个时间阶段，这些东西重叠累积，最后把整个城市发展的过程

描绘了出来。

关于这方面我们一开始就有很清晰的想法，认为应该尊重这个区域的既有状态。后来我们参加名城委专家论证会，关于屋顶空间的讨论有老专家问，原来隆福寺是什么样的？按规制能不能用琉璃瓦？用什么颜色的琉璃瓦？认为这些都需要考证。结果傅熹年院士说，也别考证了，之前屋顶上的仿古建筑也不是真的文物，但它在这个区域已经存在了二十多年，某种程度上也是城市集体记忆的一部分，就应该尊重现状，既不用去改它，也不用重新做历史形式的研究。于是我们只是从

安全性出发对结构进行了重新设计，基本上维持原貌，只是将里面的设备用房移走以便于使用。

颜色方面选择了老城中常见的红和灰，这在建筑师眼中是北京的代表色。原来屋顶上的仿古建筑很突兀，虽然将其保留了下来，但希望能与下边改造的现代建筑体量之间更恰当地衔接，所以在屋顶加了两片红墙，这样就感觉是把这组房子放到了院子里，而不是摆在屋顶上。红墙上开洞，一侧可以看到西山，另一侧可以看到东边的CBD，和更大的城市景观有了视线上的交融。总的来说红墙在形式语言上稍微现代一些，并且仿古建筑的琉璃瓦屋顶在某些角度被遮挡，只能看到红墙和下面灰色基座的组合，由此红墙成为一个空间限定，从内外两方面以不同方式重新定义了这组仿古建筑。由于灰色是周边胡同的主色调，故使用灰色的陶板幕墙将整个建筑的格调确定下来，形成灰红颜色的对比，突出北京老城的色彩特征。

[F] 隆福大厦改造项目只是整个隆福寺街区更新的一

部分，项目与周边其他地块是如何联系的？

|C| 整个街区还未完全建成，按照规划，建成后的隆福寺地区的空间组织主要有三条线索。第一条线索是地下的空间组织。现在人们从东四地铁站出来，要先到主干道再进入某一街区；将来东四地铁站会直接与建筑连接，成为站城一体化的地铁上盖建筑。隆福寺地区的地下空间系统也会与城市地面空间衔接、渗透在一起。

其余两条线索是地面上的两条轴线。先说东西向轴线，东四这条街上有一个牌楼，上面写着隆福寺街，走进里面是小吃街和长虹影院。当时我们还有一版方案，就是让人们在这条街上行走的时候能感受到历史风格、尺度、空间氛围的变化：刚走过牌楼时是四合院的传统民居，往前是一段民国风格的建筑，再往前延伸就是现代城市的状态，以衔接隆福大厦和民航大楼等大尺度的现代建筑。再就是南北向的轴线，现场中间有一条甬道，串联起南侧娃哈哈酒店和隆福广场，正对着隆福大厦的南立面，是一条礼仪性很强的轴线。业主原计划将一些文化功能放在甬道两侧，比如与故宫博物院、英国泰特美术馆合作设置分馆，周期性地摆放一些展览等。两条轴线气质迥异，东西轴线的隆福寺街更生活化，南北轴线更具纪念性，而交汇的节点就是隆福大厦。

|F| 从胡同里看，隆福大厦朝向东西的长立面非常突出。两个立面是明显的竖向三段式处理：顶部是红墙包裹的仿古大屋顶建筑，中间是由封闭式商场改造成的现代办公楼，底部则由许多小体量构成。刚才已经谈了屋顶上的处理，下面能否再介绍一下中部和底部在设计上的考虑？

|C| 关于底层部分，最初的设计是从空间织补与肌理修复的角度削减隆福大厦的巨型体量，让城市空间可以从底层延伸进来。我们原来设计了一种比较理想化的状态：正面和侧面面向街区的入口设计为隐藏式推拉门，平常是开敞的，城市空间可以延伸进来，没有管理边界，人们可以自由穿行，

遇特殊天气还可以关闭。但发现在实际运营中这种状态很难实现。于是我们改变了原则，结合车库出入口、店铺、落地的核心筒和楼梯间，把低区的体量和界面尽量打散，让它从空间结构、体量尺度和形式语言上都能和周边的胡同有所对话。包括我们在立面上做了一些坡顶的入口，也是在类型语言上回应周边胡同。

为了避免隆福大厦这么大的体量在内城的形象过于沉闷，规划部门希望建筑除了底层打开，中段也能显得轻盈一些，甚至直接提出希望我们使用一些玻璃幕墙。隆福大厦原来是商场，现在改造成办公楼，有采光的需求，肯定是要开窗的，但单纯采用玻璃幕墙不太合适，因为原来的界面肯定不可能全部打开。所以我们在原有的墙面上开窗时有疏密和大小的变化，也希望能反映一点原来商业建筑的结构逻辑。同时在外面再加了一层玻璃幕墙，形成双层幕墙。并且幕墙还要分成三段，这也是项目从商业建筑变成办公楼以后防火分区的要求。最后做完之后，玻璃幕墙立面比较精致，和灰色陶板幕墙有质感上的对比，还能反射周边的城市环境，把四合院映射进来，确实能一定程

度地消解庞大的建筑体量感。

|F| 在北侧一商园区部分，你们做过好几版方案，设计思路也经历了比较大的调整。最初的方案是把整个园区里的厂房拆掉，做新的带坡屋顶的四合院；后来又有一版方案，是这些楼都不让拆了，于是加了像四合院里面抄手游廊一样的一圈柱廊，希望对这些楼进行整合；最后在现在实施的方案里，柱廊只剩下片段，每栋楼改造更新后自己的风格也更独立。这应该也体现了您提到的设计控制越来越弱、生活活力越来越强的过程。

|C| 刚才讲到设计观念的变化，其实主要就是针对一商园区。从原来空间形式的整体性设计逐渐转变到以设计包容不同业主进来对各自的使用单元进行重新设计和调整，在这个过程中，作为负责整个园区规划的设计师，我们的角色发生了变化，在心态和认识上也进行了一些调整。以往我们认为，从形式空间语言到材料构造细节应该是一个整体，但对城市更新却未必适用。因为城市发展受外界因素的影响，会有不同的使用可能性。城市里会有各种各样的人，每个人对理想生活环境都会有自己的理解和想法，或者有他自己的经营要求。那么这些多样性是不是一定要被统一在某一个建筑师的语境下，由他统一表达出来？我觉得不一定。崔愷院士提到过一种混搭式、修补完善式的设计方法，可以把城市的多样性更好地展现出来。设计大的空间结构，但又没有很强制性的建筑语言，而是在一种整体性和拼贴状态里找到一条中间的道路。其实，柯林·罗在《拼贴城市》里说的就是这件事。

在项目过程中，我们积极地调整规划，把能做的节点认真做好，对于小业主做的改造也以包容开放的心态去面对。并且有些事情业主能做，建筑师却不能做，比如用红砖重新砌筑啤酒馆，在店铺中使用巨大的玻璃窗让室内外空间共通，这些做法是不满足规范节能要求的，施工图审查也不允许，但对业主没有限制。其实这种自主改造能更好地将城市的多元性体现出来，虽然突破了一些规范要求，但能更自由地表达自己的经营理念和美学标准，也挺好。

|F| 在隆福大厦改造项目中，室内空间采用了怎样的设计策略？它和外部又有怎样的关系？

|C| 内部空间与使用需求相关。最开始大的空间逻辑是一、二层做商业，三层以上为办公。但由于按规范要求，如果上面做办公，那么所有的疏散楼梯和底层商业的疏散楼梯必须分开，这样二层也没法做商业，最终只有一层为商业，上面均为办公。由于隆福大厦体量比较大，我们把办公单元切分为三组，门厅集中放在三层，做了一个直达三层的大扶梯，同时结合中庭将整个通道打开，串联起各个办公区的入口。现在门厅里设置了咖啡厅，有时也会举办沙龙、展览或企业发布会等活动，相当于是整个办公区域的一个共享空间。

另外由于建筑原来是商场，所以空间进深很大，其通风、采光条件比一般的办公建筑差，所以我们在平面上进行了一些区分：靠外侧为标准办公区，内侧有一些非正式办公区，如会议讨论空间。在一些角落摆放了绿化和健身设施，希望借此重新定义办公空间，也缓解大进深空间的氛围；同样是进深大的缘故，办公区设计为浅色，结合中庭透射的光线，使内部显得更加明亮。

对于商业的室内设计，崔愷院士曾提议以暗色调为主，顶棚使用比较简洁的钢网，在钢网上用LED 灯展示一些老北京的意象，比如风筝等，这些意象会以泛光的形式在钢网上投下一片影子。为此团队还做了一个挺有意思的样板，还做了一个隆福寺的大藻井模型，以使一层中轴线上的室内空间有更丰富的体验。但由于大厦业态一直在调整，这些想法后来都没有实现。

|F| 项目中是否有一些建造技术和建构设计上的难点或创新点？

|C| 建造技术方面的难点主要是结构问题。隆福大厦从外观上看是一个整体，其内部结构却分为南北两栋楼，这也是那个时代的特点。最早的隆福大厦只有南楼，1993 年一场大火后，拆除了烧掉的那部分仓库，北侧加建了新的体量，屋顶则增加了一组仿古建筑。南楼和北楼的结构形式并不相同，南楼是大柱帽无梁楼盖，北楼则是预应力梁。本来我们想截掉一段梁，但会导致梁内的预应力失效，整栋楼结构受力不安全，只能放弃。设计团队希望综合考虑加固的逻辑与空间设计的

逻辑，利用办公组团增设的核心筒进行加固（原有疏散电梯不够，需要增加核心筒），但发现实际情况并没有建筑师想得那么简单。主要是结构方面需要处理抗震和荷载问题。从抗震的角度，南北两栋楼在相互独立的结构体系下，应尽量减少碰撞，所以在二者之间增加了结构阻尼器。从荷载的角度，需要仔细甄别每个区域垂直和水平构件的强度是否足够，局部进行强化，以复合方式提升荷载能力。

项目里还有一个建构设计方面的创新点，就是大楼西侧主入口（即三层办公区门厅的入口）。由于用地边界的限制，隆福大厦的入口无法向西只能朝南，人们从入口进来上一段台阶转过来才能到达三层。顺着这个转折空间，我们将一个新的形态和体量嵌入到老楼中，这个异形元素也由此成为街区改造的亮点，不仅可以体现入口形象，人们乘坐扶梯时还能欣赏到西边的城市景观。另外由于原有预应力梁不能拆除，无法将三层空间贯通，团队还设计了一些金属斜向杆件来支撑嵌入的新体量。由于都是非标准化设计，每片玻璃的形态都不一样，要重新去处理这些节点，我们也挺感激甲方的理解和支持。

注：
原载于《建筑技艺》2021 年第 8 期
采访人：范路 清华大学建筑学院副教授

肆

既有建筑改造

105—123

富豪宾馆改造

设计时间：2017-2018 年

建成时间：2021 年

项目规模：25866m²

地　　点：北京市东城区王府井大街

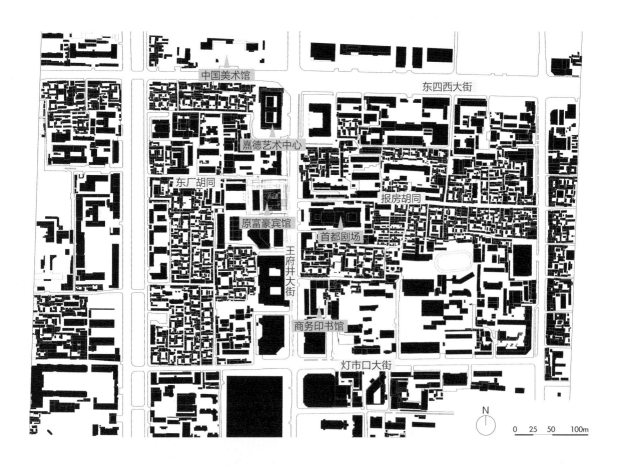

中国美术馆

东四西大街

嘉德艺术中心

东厂胡同

报房胡同

原富豪宾馆

首都剧场

王府井大街

商务印书馆

灯市口大街

N

0　25　50　　　100m

富豪宾馆在王府井大街北段，首都剧场的对面，原来只有一座六层的客房楼，2012 年临街主楼建成投入使用，五年后 2017 年停业，被一家金融企业收购。原建筑立面干净朴素，质量尚可，但临街的建筑退让区域内夸张的仿古牌楼、主入口前的巨大影壁，在王府井大街边显得很突兀，也体现了原来的业主对于建筑和城市公共区域之间的一种矛盾心态，因此也促使我们思考，在这次更新改造中如何定义建筑与城市之间的模糊地带。我们的做法是希望建立一个更肯定的边界，对外改善步行空间的质量，对内和建筑的低区之间围合成一个庭院，保留原建筑中段的立面，使其仿若漂浮在庭院里，既缓和了建筑体量与东厂胡同的矛盾，也以院落的方式定义和城市之间的关系。我们进一步把低区院落空间的序列延伸到入口前厅和二楼的中庭，打破原来封闭的室内外边界，促进建筑与城市融合。

　　在北京老城里的高层建筑都有极佳的欣赏老城的视野，向西俯瞰皇城西山，向东远眺 CBD。起初甲方也想充分利用屋顶平台，我们也结合顶层的改造，设计了屋顶花园，以借此调整屋顶轮廓与低区院落呼应，原石材体量的比例也得以优化，形成顺应王府井大街的态势。但几经波折，最终屋顶改造的方案未能实施，颇有遗憾。但与隆福大厦屋顶庭院作为开放的城市公共空间不同，富豪宾馆的屋顶花园是甲方的私属空间，如今看来也许正是这公私之别，让两座建筑的更新改造走向不同的方向。

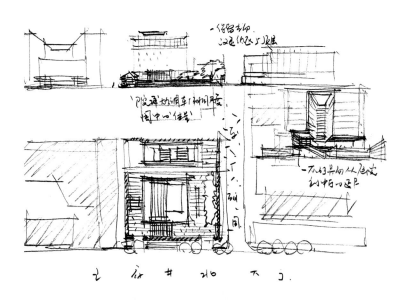

访谈：
重建与城市的关系

对谈人
柴培根 C / 周凯 Z / 刘爱华 L

|L| 富豪宾馆的用地位于北京最负盛名、历史悠久的商业区王府井大街，周边商场、酒店林立，对面是北京人艺的根据地首都剧场，北面不远是嘉德艺术中心和中国美术馆。商业和文化混杂并置的区域特征对设计思路产生了什么影响？

|C| 我们对这个项目周边的城市环境很感兴趣。我们团队之前做过附近的隆福寺地区城市更新的研究，而王府井大街、中国美术馆、人艺剧场又是在北京生活的人们很熟悉、日常会常去的地方。这些年这个区域一直处于不断变化的状态：嘉德艺术中心的新建，以及更早的华侨大厦重建、人艺剧场保护性改造和现在的扩建，都把这里的文化整体氛围进一步带动起来，这几个点已经共同形成了这个区域的发展特征。

我们对百度街景的近年资料做了比对，可以看到自 2013 年至今，周边的街道氛围有很大的变化，尤其是王府井大街，它本身也进行了一段时间更新。崔愷院士曾提出过希望王府井大街继续北延，现在东城区政府也有这个想法。富豪宾馆这次改造实际上也回应了城市发展转变的方向。

在设计和施工过程中我经常去现场，有时候也会在周围街区走一走，从王府井大街到旁边的东厂胡同、报房胡同，可以很直观地感受到 "大街"和"胡同"的场景转化，这是北京老城在更新过程中挺典型的一种状态。

从总图上看有一点比较有意思，报房胡同和东厂胡同被王府井大街分开，有一个错位，富豪宾馆一号楼正好出现在这个位置上，成为报房胡同的底景。报房胡同虽然叫胡同，它的尺度并不特别窄，它位于首都剧场的北边界，是其车行进出主要的路径，其实已是一条城市街道了，两侧有一些现代建筑体量，当然报房胡同比较长，再往东边走些逐渐又回到了胡同的尺度。

|Z| 我们常会回到历史视野里去看北京老城。这个片区的城市结构在几百年间都是比较稳定的，大街和胡同的关系、城市肌理中这些宽宽窄窄的线一直没变；到了现代城市阶段，沿着城市主要街道呈现出密集的建设面貌，这点在改革开放后尤为凸显。所以王府井大街有可能向北延伸，一方面是业态氛围的驱动，另一方面在城市尺度上也有基本建筑体量的支持。对比自 2002 年至今 20 多年的城市资料，可以看到沿城市大街的建筑体量的生长比较清晰。这次改造的富豪宾馆一号楼就是这样：2002 年它的位置上还是一堆平房，平房拆除之后 2006 年到 2008 年建起了这座高层建筑，2012 年开始营业，所以到这次改造前，富豪宾馆 1 号楼其实还是很年轻的。

与富豪宾馆隔街斜对面的首都剧场

从屋顶可西瞰故宫全貌

商业与文化并存的
王府井

王府井大街南段（上图）
与北段（下图）

王府井大街南北两段街道氛围
有所差异。南段是王府井步行
街，商业氛围浓厚，绿植较少；
而王府井大街北段槐荫茂密，
绿意盎然。

报房胡同和东厂胡同

|C| 北京城市发展定位变化以后，对每个街区每种类型的经营业态，尤其在核心区里的影响挺大的，富豪宾馆经营不下去也跟最近的这次核心区控规出台有比较直接的关系。

|L| 我以前还真注意到这个建筑。在2014年，我那时作为建筑学报的编辑，去参加了唐克扬老师的新书《纽约变形记》在商务印书馆书店里的发布会。会后出来往北边的地铁口走，就看见路对面一片石墙上赫然几个巨大的字：富豪宾馆，在参加完一场非常文化性的活动之后，又刚经过了人艺剧场，突然之间看到这样迥异的画面，就有种颇为魔幻的感觉，那个场景到现在依然印象挺深。

|C| 刚接触这个项目我们到现场看，就觉得挺滑稽的：建筑入口处立着一个形制和比例完全不对的假牌楼，牌楼后面是一座影壁，上面刻着富豪宾馆这几个字，影壁后面是一个特别夸张的大雨棚。这里就是酒店的入口，我们去时已经停业了，酒店入口旁是一还在营业的烤鸭店入口。从这能看出来，在北京不同城市发展时期会出现一些有时代特征的符号和建筑气质，城市场景有着不小的变化，有的也不一定就是进步的。你刚才提到了商务印书馆，确实王府井大街北段的文化气息比南段多一些，商业气氛少一些。但是富豪宾馆这个楼本身却没有什么文化属性，尤其在改造前，是完全另外一种状态。对比王府井大街南段，北段还有一点不同，就是街道两侧的行道树更多，这些树木在各个季节都挺漂亮。2019年对南段的王府井步行街进行改造的一个重要起因就是街道上一棵树都没有，改造中增加了很多种植箱绿化。树木能带来城市空间氛围的变化，也能掩盖沿街建筑风貌不协调的问题。像富豪前面虽然有突兀的牌楼，但因为街道上有很好的行道树而在环境里能相对融合。

这些观察对我们后来的设计是很重要的引导，

尽管建筑高层部分体量方正，建筑语言简洁，但低区在使用过程中却呈现另外的气质：形制夸张的牌楼、高大的石材影壁、大玻璃雨篷等要素凌乱拼贴出富豪宾馆入口颇具魔幻感的氛围，也反映了城市不同发展时期的建筑特征。

魔幻富豪

让我们从城市环境的角度去考虑建筑更新怎么去做。

|L| 对比改造前后的沿街外观，并不能一下子看出明显的变化，但其实这里面的功能是完全改变了，由酒店变为写字楼，功能的改变带来了哪些问题和机会？

|C| 虽然建筑的沿街环境，包括牌楼、凌乱的入口空间等，从建筑和城市衔接的公共空间上看品质不高，但是建筑物本身是 2008 年建成、2012 年使用，原设计的石材立面也比较简洁齐整，我们认为没有必要整体否定这个立面，而是应考虑在既有条件下去做改造。所以从远处看还是这么一个房子，而很多改造的内容只有靠近或进入其中，才能发现空间体验有了很大的改观。

功能的改变首先导致建筑和城市的关系发生了变化。原来酒店入口及首层的烤鸭店基本上是完全面向城市打开的状态，建筑新的定位是金融企业的总部，从使用的状态上来说相对独立，没有那么强的开放性，而需要形成自己的领域感。我们将沿街的场地进行了整理，用院墙围合出院子，重新建立城市和建筑间清晰的领域关系，但同时对街道在视觉上保持一定的开放性。

改造前酒店大堂和中庭位于二层，改造为写字楼后这一点并没有调整，还是利用原扶梯直接上二层，把二层作为办公主门厅，在一层保留设置其他对外经营空间的可能性，业主是金融保险机构，一层可以做营业厅，这样也和原来作为酒店时的空间结构是一致的。

变与不变

以保留主体立面材料为既有条件去改造，建筑看起来没有什么明显变化。只有在改造后的环境经过时，才能发现街道步行体验有了很大的改观。

|L| 富豪宾馆一号楼共10层，高40m，它的建筑体量和大街、相邻建筑、老城城市空间之间的尺度关系已然确定，那么这次改造是如何面对它与周边城市要素的这种关系呢？

|C| 我们在2018年中间思库的选题就是这片区域——王府井城市更新研究，当时把它作为一种类型化的空间形态来讨论。而无论是林乐义先生设计的首都剧场，还是杨廷宝先生设计的和平饭店，其实都面临着同一个问题，就是在传统的老城肌理里，怎样去放置一个大体量现代建筑。

所以当我们介入这次改造时，首先的想法就是如果像和平饭店一样，能有一个和传统街区呼应的边界尺度，里面是一个花园，现代建筑的体量退让在这个花园里，那么边界的限定至少会让相邻的胡同、城市街道的空间感有比较大的改善。当这些区域被适当限定，不再是城市和建筑之间的一个模糊地带，它会有一个归属感，它是属于业主的，业主能更好地保证这片区域的空间质量，

当然我们也希望这些花园空间同时对城市具有某种开放性。这个花园将在更长的时间里逐渐形成比较好的环境，加上沿街的行道树，至少对建筑体量和传统街区在尺度上的矛盾能有一定程度的缓解。

富豪宾馆在改造前，它的场地出入口直接面向大街，与人行道之间有1m多高差，通过一个大坡道和台阶衔接，除了入口处的牌楼和影壁，场地内还有绿色大理石的景观装饰物和灯柱，主入口前、北侧和东厂胡同之间都是停车场，是一种开放又杂乱的状态。建筑退后城市主干道的场地被用作停车场，这实际上是造成对城市空间消极影响的重要原因之一，附近的华侨大厦和社科院也是同样采用建筑退后、沿街设停车场的方式。我们把场地出入口调整到南北两侧，对中间沿城市边界比较长的区域重新做了调整，利用场地高差，用院墙围合出院子，取消原有的牌楼、影壁、雨篷和沿王府井大街的停车位。

改造后鸟瞰

杨廷宝先生1953年设计的北京和平宾馆位于老城的金鱼胡同

图片来源：《建筑学报》2021.10

把房子放进院子

在场地上构建一套院落体系，
使得高大建筑坐落在院落中而
不是直接落地。

轴测图

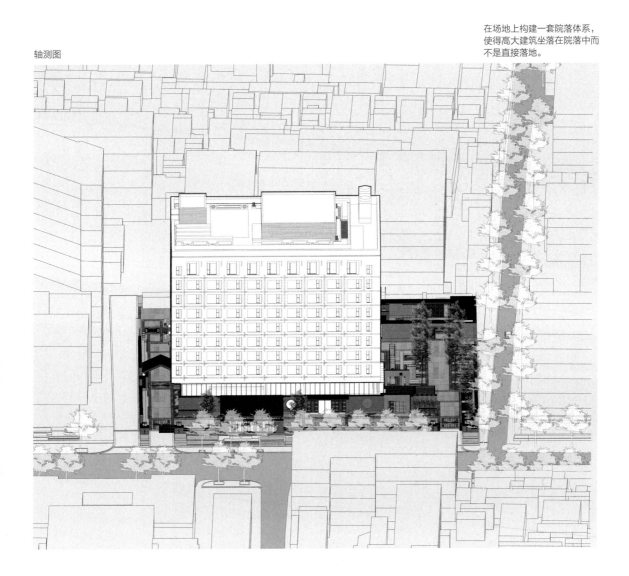

|C| 雨篷被重新设计，和院墙组合在一起形成主入口的形象，并通过这组构筑物和其他几个入口一起，在围墙边界建立起一系列小尺度、和胡同街道相协调的元素，街道步行体验被延续，而不是让高大建筑直接落地。沿着围墙面向花园我们设置了几组座椅，在这些区域人可以坐下来，同时跟街道之间也并没有因为一堵墙完全隔离。院墙材料我们选择了灰色条石，它和老城城砖颜色比较接近。

但很遗憾主入口雨篷目前还未能实施，因为当年原建筑雨篷未正式报批，导致新的雨篷在审批中陷入是否涉及面积增加的观点分歧。北侧入口原本也是将院墙与原有人防室外出口巧妙整合，但后来也是因为玻璃雨篷涉及面积新增，导致验收时被拆除。这些都是我们在老城更新里遇到的一些与规划审批程序相关的、很具体的问题，我们希望这些问题在未来能有机会从更整体的角度被评判和解决。

入口雨篷效果图

在院子的主入口，利用内外墙体边界支撑的坡顶雨篷目前尚未实施，它既是丰富院落小尺度的构筑物元素，也是与胡同街道协调的传统元素。

适度开放性的围墙边界

从街道步行道看改造后的沿街院落与绿化

庭院边界的限定对胡同、对人行走的街道来说，体验都会有比较大的改善。花园空间都是可以面向城市开放的，而对内的归属感也使业主能更有责任保证门前场地的空间质量。

与规划的互动

|C| 另外还有一条线索，建筑和东厂胡同之间有一块代征道路用地，这里原本并不属于业主能建设的场地范围。这源于"06控规"（2006版北京控规）中划定的一条线，这意味着在那版规划中，东厂胡同是有拓宽可能的，这个场地未来要让出来给城市道路。但我们在2017年介入这个项目时，政府规划层面传递的信息已很明确：胡同的尺度肯定要保持住，宽度不可能被拓宽。所以我们和业主方、规划部门做了沟通，签了承诺书，要把这个区域作为整个建筑环境的一部分统一考虑和设计。

总的来说，把场地内的院子环境处理好，让它对外能形成胡同的边界，对内能形成与一二号楼之间空间的过渡，这是这次设计中的重要策略。

|Z| 从和平饭店到首都剧场，再到这次改造设计的富豪宾馆，对于这些建筑和院落关系类型的分析，让我想起大概十年前柴总带着团队研读《城市建筑学》的经历，当时我们感到对于设计最直接的受益，是来自于对城市建筑类型的识别、提取、再转化到设计的过程。这样对建筑的认知和评判就不再仅受限于空间、形态等层面。

我们在做隆福寺区域更新时，关于类型分析的思路还比较模糊，底层的几个坡顶体量是要去协调与平房、胡同的关系，但我们没有从类型层面去做判断和细腻的尺度把握。在富豪宾馆设计中我们又稍微前进了一点，这次对类型的提取实际上是基于建筑功能的转变，在公共性上写字楼不像酒店、餐饮那么强，它的公共性实际上稍微有点退后，所以需要一个专属的空间，它在位置介于建筑与街道之间，在类型上介于建筑与景观之间，这是我们很早就比较明确的空间概念。

在做旧建筑改造的时候，就会涉及不同时期、不同角度对城市建筑类型认知的差异，势必会造成一些和规划管理部门在认知上的不同。

比如说"06控规"实际上不是一个官方正式文件，它以交通为主导，在具体实践中是有一定的局限性的。我们在做隆福寺更新设计中，用地北侧的路依据"06控规"是可以打通的，但在实际操作中，打通将面临非常复杂的产权等一系列问题。所以当后来北京城市定位发生转变之后，"核心区控规"又回到更关注人、风貌、乡愁等层面。虽然"06控规"在具体项目的规划审批中仍然起指导作用，但在核心区"减量提质"的大方向下，我们通过积极与规划部门的沟通协调，最终还是做到了对土地使用较为正向的控制。

跟规划部门的互动也会产生一些积极的影响，比如规划不希望围墙太高，我们做了几种不同高度的方案比对，最后建成的围墙尺度兼顾了公共性和领域感，没有太过封闭，形成了一种崭新而舒适的视觉和步行体验。我们希望从北面地铁站出来去首都剧场看戏的人们可以沿着步行道前往，目前嘉德艺术中心的门口也设置了一些墙体来处理与城市公共空间的关系，但紧邻富豪宾馆的社科院大楼前面依然是停车场的状态。

这些过程实际上都是从类型原型出发，经过几方博弈，最后达成一个比较均衡的结果。

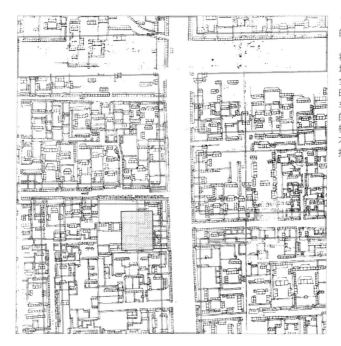

"06控规"和《乾隆京城全图》的叠加分析图

将"06控规"（图中红线区域）的道路红线与《乾隆京城全图》叠加，可以明显看出当时那一版"控规"更多为机动车交通考虑的红线对老城肌理的侵蚀，而在目前《首都功能核心区控规》的语境下，老城不能再拆，胡同也不再有可能拓宽，老北京的乡愁得以为继。

首层平面图

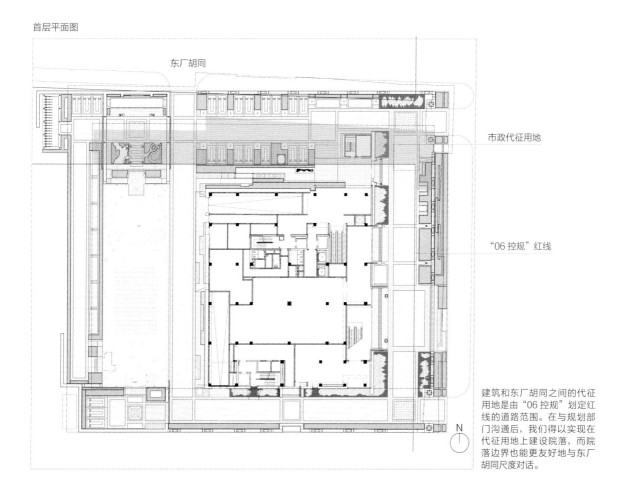

东厂胡同

市政代征用地

"06控规"红线

建筑和东厂胡同之间的代征用地是由"06控规"划定红线的道路范围。在与规划部门沟通后，我们得以实现在代征用地上建设院落，而院落边界也能更友好地与东厂胡同尺度对话。

N

从院落到中庭

根据使用需求，屋顶天窗改为封闭楼板，通过灯光投射模拟天光效果。

院落边界的灰色条石墙体延伸嵌入主体建筑内，形成装载扶梯的入口空间，进而从扶梯上到二层，墙体继续转折延伸至中庭，构建出从室外院落到室内中庭完整的公共空间系统。

|L| 除了考虑与城市之间的关系，对建筑本身做了哪些空间的改造更新？

|C| 我们通过对城市建筑的类型分析形成了一个基本策略，这个策略引导着对材料的使用、对建筑尺度的把控、从外部到内部空间关系的建立，形成了总体的设计思路。

刚才说的围墙体系实际上并未仅仅停留在沿街院子界面，而是继续延伸、嵌入到建筑内部，形成入口空间，并随扶梯上到二层，一直延伸到中庭。虽然建筑外立面没有大改，但带有传统意味的边界语言是从城市到院落，从门厅到中庭，持续出现在人们进入建筑的体验过程之中，它们都被作为一个整体来考虑。中庭八层高，改造前长边是一面带浮雕的白色大理石墙面，另外三面是走廊，我们对中庭空间的整体状态做了调整，短边是带窗的灰色砖墙立面，长边的走廊则被放在了玻璃界面的后面，使它变得有点像个半公共的城市空间一样。

原来八层高的中庭长边有一面带浮雕的白色大理石墙，另外三条边是客房走廊。

|L| 中庭的完成度很好，几乎完全还原了效果图的意图，在材料和色彩上也呈现出一种微妙的协调感。

|C| 中庭一个很大的变化是原来有天窗采光，后来上面要增设董事长办公室，所以中庭顶就变成了一个封闭的界面，但我们还是想通过灯光的投射，营造抬头还是有天空的感觉，而不是做个华丽的大吊灯。

|Z| 中庭顶部风口的处理我们借鉴了柯布西耶的东京国立西洋美术馆，使吊顶板看起来是悬浮在风口槽里面。灯光的投射方向也精调了好几次，最后出来的效果有些超现实的感觉。

中庭改造前

改造后的办公入口扶梯及位于
二层的中庭

轴测图

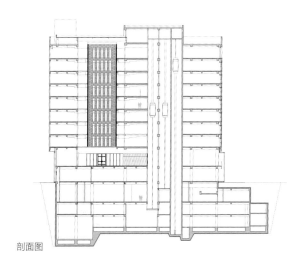

剖面图

|L| 在设计文件中看到屋顶进行了多轮方案研究，这部分设计是源于哪方面的原因，又因为什么没有实现呢？

|C| 改造前这栋楼是一个四个立面均质化的方形体量，没有一个正立面，对王府井大街来说，它缺少一个沿街的方向性；同时新业主的入驻也需要在建筑形象上有一种回应。所以这次改造除了整理低区的立面和环境，在保持立面中间段不变的前提下，还想适当处理一下屋顶部分。

原立面顶层窗的形态上做了一些收口变化，但整体上体量感还是比较重。我们最初的设计方案是把顶层更换为玻璃幕墙，并在沿街方向增加了檐口，让整个立面形态顺应王府井大街方向，这个方案在和规划部门沟通的过程中获得了认可。但因所在区域的特殊性，又针对屋顶方案召开了论证会，需要得到所有专家的认可，并要确保设计、实施都保证西侧望向故宫一侧的视线安全，最终这个屋顶改造没能实施。这对这次改造来说是个遗憾，顶层的改造调整其实会把建筑正面和方向感调整过来，它将不再是一个自说自话的敦实形体，而是能对王府井大街有更多的回应。

王府井大街上的主要公共建筑，从北京饭店到首都剧场，从百货大楼到王府中环，建筑屋顶层均采用了与主体部分不同的处理方式，富豪宾馆的屋顶层改造若能实现，也将能更和谐地融入街道整体建筑类型之中。

王府井大街上的主要公共建筑沿街立面

屋顶形态研究效果图

新的屋顶形态顺应王府井大街的南北方向，适当修正原来方正体量没有方向性的状态，而建筑形象的改善也符合一个新业主入驻的需求。

老城是一个整体

|L| 这里其实距离隆福大厦不远，中间隔着东四西大街，大概十几分钟的步行距离。它们都是将商业功能改造为办公，设计时间也有重叠，二者的设计有着怎样的相似和不同？

|C| 隆福大厦所在的东四是传统历史街区，隆福寺本身的历史基因也很强大，这对后来整个场地区域的演变发展，起到了决定性的控制作用。富豪宾馆所在的区域并没有非常典型的历史基因，这里呈现的是比较多见的、现代建筑体量和传统历史肌理之间的一种冲突状态。从这个角度上来说，富豪宾馆改造所采取的设计策略其实是结合环境、结合功能调整的微更新，没有特别大的设计语言上的变化。

但这两个项目目的是一致的，是希望这些现代建筑的大体量能够逐渐溶解在传统历史街区的肌理当中。这样的话，城市中那些生硬的冲突会越来越少，传统和现代之间能达成一些和解，同时在这个过程中去改变和提升城市公共环境的质量。在这一点上，两个项目的共性和目标是一致的，也是很重要的。

|L| 在参与了多个北京老城更新的重要项目之后，您对于北京老城内的建筑更新有哪些政策支持方面的建议？

|C| 富豪宾馆改造规划申报是在 2017-2019 年，当时的规划政策确实让我们在审批环节感受到了一些困惑和矛盾。比如一号楼建筑改造只能按立面装修申报，也就是只能申报建筑主体相关部分，场地景观等不能呈现在规划审批的正式图纸中。而刚才我也提到，这套建筑与景观共同组成的边界系统是这次设计非常重要的策略。而且如果规划不去控制这些场地，是不是意味着将来业主可以随便做？

所以我们希望可以在政策层面能有一个一体化的、整体空间的审批。我们是建筑师，但我们把城市特别是老城看成一个整体，我们对设计的考虑并不会被建筑红线所限制，而是会考虑既有建筑与街道的过渡区域，以及城市公共区域之间的关系如何建立。

伍

街道环境更新

125—159

平安大街（西城段）
环境整治

设计时间：2021-2022 年

建成时间：2022 年

项目规模：长 3.5km

地　　点：北京市西城区

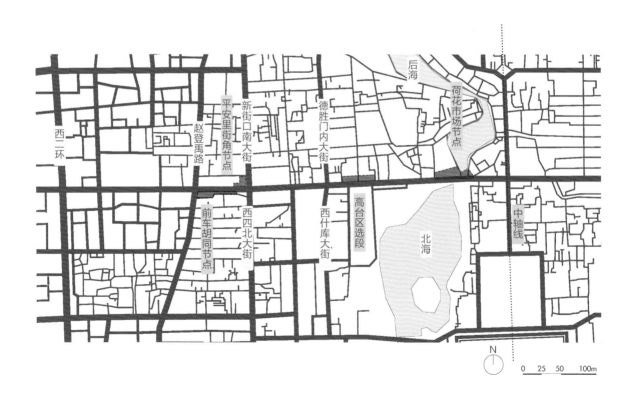

作为游客将近二十年前第一次去纽约，印象最深的不是哪座建筑，而是走在街头的体验——道路的尺度、行人的面貌、街边的生活——都与当时在北京经常走过的宽阔街道形成鲜明的对比。后来又有几次机会去纽约，越发深入地感受到街头生活的魅力，一条条看似简单却洋溢着生活气息的街道，以及由这样的街道编织起来的街区，为步行的人们创造了惬意的城市公共环境。

作为建筑师我们的工作大多以街道作为边界，却很少真正站在街道上去看问题，即便偶尔在城市设计的成果里会有几张漂亮的、刻画街道生活的渲染图，但图画里的场景远远不能反映出真实街道的复杂性。在日常生活中，面对宽阔无聊的街道，大多时候也只是无可奈何。平安大街环境整治的工作让我们有机会真正走上街头，仔细地分辨观察，用心地体验记录，以最为基本的常识和感受去面对身边的环境问题，寻找切合实际的解决问题的方法。

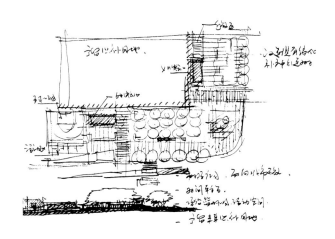

平安大街西起官园桥，东至东四十条桥，是一条贯穿北京老城的东西向交通干线。作为具有现代城市尺度的道路，它自 1999 年贯通通车以来，不论对传统的北京，还是当代的北京，都产生了重大的影响。严格意义上说，平安大街是属于现代北京的一条道路，由平安里西大街、地安门东西大街、张自忠路、东四十条这些路段组成，平安大街是这些路段在 1999 年全线拓宽贯通后的统称。

1998 年，北京市政府决定对平安大街旧有路段进行改建，以迎接中华人民共和国成立 50 周年。那时的平安大街还不是一条完整的街道：一是自 1977 年平安里西大街建成后，东四十条、张自忠路、地安门东大街、地安门西大街、平安里西大街这 5 条大街在育幼胡同至平安里段一直被传统四合院片区截断；二是这些路段最窄处只有 9m，平均路板宽度也只有 13m 左右，很难承担起现代城市的交通负荷 。

当时面临的城市东西向联系的交通压力，以及老城城北地区未来发展对基础市政设施的需求，都成为推动平安大街改造的力量。平安大街改造工程地下埋设管线包括雨水、污水、煤气、电力、电信、热力、上水等 7 种共 11 条，全长 57.9km，解决了城市市政管线联网的难题。配合道路改建，新建雨水管道 7.4km、污水管道 7.8km、污水截流井 30 余座，从而按照总体规划要求实现了雨污分流，也解决了污水直接入河造成污染的问题。由于新建了雨、污水管道，不论是道路，还是两侧生活居住区，雨、污水都能顺利排出，往日排水不畅的状况得到充分改善，同时也为城区北部 20km² 以上的区域的开发提供了条件。当年奥斯曼 (Haussmann) 对巴黎改造的一个重要原因就是，当时巴黎的污水没有排放系统，而是直接排入塞纳河，在 19 世纪前半叶引发了两次霍乱。传统城市在不断适应现代生活的过程中，其城市结构和基础设施都面临着挑战，巴黎如此，北京也是如此。在当时的发展状态和认知水平下，拓宽道路、埋设管线、疏解交通也是迫不得已的选择。

1999 年平安大街改造工程完成，全线贯通，道路拓宽为 28 ~ 33m，全长 7026m，一时激起了有关老城保护的激烈讨论。虽然建设过程也本着保护文物、道路为文物让路的宗旨，但其宽阔的路板贯穿老城，与传统城市的肌理产生了极大的对比，尤其拆除育德胡同、前车胡同之间大片四合院，引起了巨大的争议，通车后依然有很多对街道尺度及两侧街道边界状态的批评。在西城段地安门西大街一线，残破的院墙立于宽阔整齐的现代道路边，仿若切开老城留下的一道伤口，这道伤口在很多人的心里久久难以愈合。

平安大街贯通前的旧有路段和四合院片区

白魁饭店所在街角在 1999 年平安大街拓宽前后对比

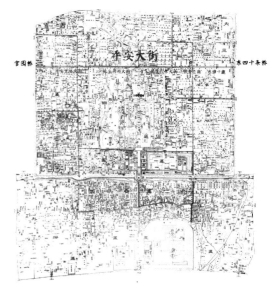

平安大街在北京老城的区位示意

平安大街改造前鸟瞰

1999 年平安大街拓宽贯通，
宽阔的街道和周边老城肌理形
成鲜明的对比和反差。

老城新街

传统北京城是非常清晰的层层嵌套的城市结构。随着现代城市的发展，城市格局从封闭转向开放，实体的边界逐渐消融，除了故宫的宫墙外，皇城、内城和外城的城墙都已经消失了，地上的道路系统和地下的地铁线网穿越老城，支撑着不断扩张的现代城市。虽然城市的规模和形态发生了巨大的改变，但这种变化不是凭空而来，不论在不同时期我们对老城的态度如何，拆除也罢、保护也罢，在城市演变的过程中，传统城市的基本结构并没有因为实体的消解而改变，依然会在喧嚣沉寂后又悄然地浮现出来，展现出时间的魔力和城市的性格。

皇城是这个嵌套的城市结构中的一层，处于紫禁城和内城之间。清代虽然沿袭了明代北京的格局，但裁撤了皇城的设置，将明代皇城内大量内廷供奉的机构改为民居，把整个内城改为八旗居住区。民国十五年（1926年）开放北海为公园，在皇城北墙开设北海后门，也就是今天的北海北门，之后两年拆除了皇城北墙东西两段。其余皇城墙也在民国时期陆续被拆除，在空间上打通了与内城的联系，而依附于皇城北墙外的这条街道也自此开始在老城里不断演变发展。

传统的北京内城肌理中没有东西贯通的街道，只有两条南北大街贯穿内城，一条是自宣武门起，经西四南北大街至新街口；另一条是自崇文门起，经东四南北大街至雍和宫，也就是现在的崇雍大街。随着现代城市发展，连接东西城的道路作为重要的城市基础设施和交通干道逐渐形成，内城的两条东西向干道长安街和平安大街就是依托于皇城的南北边界，分别以天安门和地安门作为中间点，形成两段东西对称大街。依皇城南侧边界的长安街，以天安门和天安门广场为中心，已成为彰显国家威仪的具有纪念性和仪式感的象征符号。依皇城北侧边界的平安大街，以地安门为

北京城市结构演变示意

元

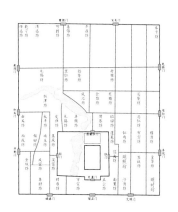

明

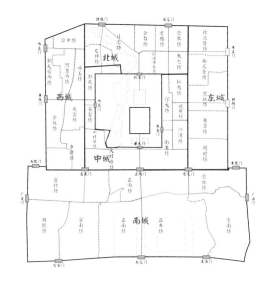

中心，穿越什刹海和北京传统四合院片区，是展现生动的日常生活、传统与现代融合的城市剖面。

　　平安大街与内城边界交会的官园桥和东四十条桥处，在老城的格局里并没有设置城门，到1950年才在城墙上开辟了2号和5号豁口以方便进出城通行。看今天北京的格局，当初选在这样一个特定的位置开辟豁口，是否意味着在那时就已经预见了未来会有一条贯通东西的大街形成呢？

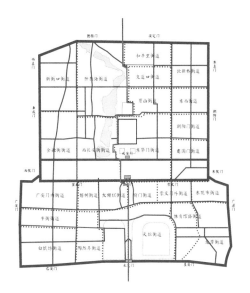

现代

清

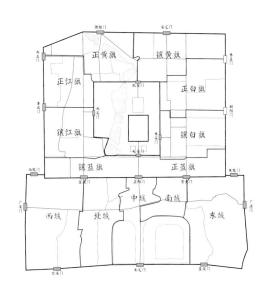

民国

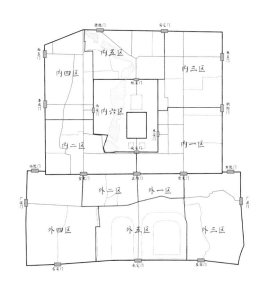

肌理变迁

1350 年

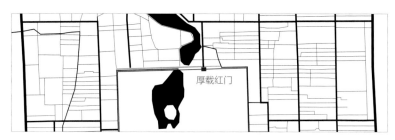

元大都皇城北墙位于今平安大街正中的地安门东、西大街一线；
地安门其址在元时为"厚载红门"，是元大都皇城的最北端之门。

1570 年

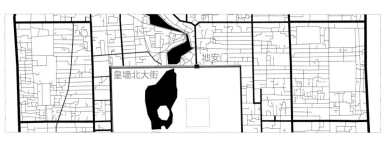

明皇城北墙外的皇墙北大街，其位置正是今平安大街中间的地安
门东、西大街的位置。地安门（又称北安门，俗称厚载门，亦称后门）
作为皇城的北门，是皇都四门之一。

1750 年

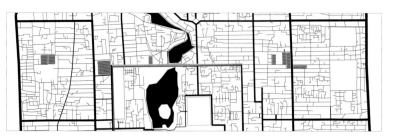

清朝该区域发展为皇族贵胄居所、王公贵族府地，宣统时共计有
大小王府 13 处。街道南北寺庙道观林立，什刹海畔风景名胜荟萃，
这片区域迎来了最辉煌美丽的时期。

1900 年

京城道路多为土路，"天晴时则沙深埋足，尘细扑面，阴雨则污泥满道，臭气蒸天"。光绪三十三年（1907 年）地安门东西大街修成碎石路面，民国时期改成了沥青路面。

五号豁口　　　　平安里　　　张自忠路　　　二号豁口

1947–1950 年

1947 年，北（西）沟沿被命名为赵登禹路，铁狮子胡同命名为张自忠路；平安里以东道路被打通，路面宽 6 ～ 7m。1950 年，在城墙开辟了东四十条（2 号）和车公庄（5 号）口。1950 年代开始在平安大街沿线修建平行于长安街的第二条东西城市干道的提议出现。

平安里西大街

1970–1980 年

1971 年，官园桥以东胡同被拆除，拓宽成街，称平安里西大街。1977 年建成了平安里西大街西段道路，中间快车道宽 25m。

1999 年

从官园桥至东四十条桥，东西二环之间全部贯通并拓宽，统称为平安大街，路宽 28 ～ 33m，双向六车道，成为连接城市东西方面的交通大动脉。

2020年：高速发展与问题重重

在存量发展、减量提质成为政策导向的大背景下，城市更新日益成为大家关注的话题。城市更新到底更新的是什么？老旧小区改造、既有建筑维护与利用这些具体工作只是城市更新的手段，为市民日益多样的生活形态提供高质量的城市公共环境和场所才是城市更新的目标。从这层意义上说，街道作为城市公共空间的载体，为城市生活提供了最为多样和丰富的场景，街道环境质量的提升应该成为城市更新的重要内容。

2020年的北京从某种意义上说已然是一个全新的北京，城市新的发展理念逐渐深入人心，对待老城的态度、社会发展的水平、文化观念、人口规模、生活方式与20年前相比发生了难以想象的变化。北京的经济总量从1999年的不到2714亿元，发展到2020年的36103亿元，增长近17倍。机动车从1999年的100多万辆增长到2020年的600多万辆。地铁里程也倍增，22条线路遍布全城，38亿人次的乘客量是1999年的近10倍。公共交通的发展引导城市空间结构发生改变，压缩道路宽度、改善步行环境、增加城市公共空间、协调整合道路设施，都成为在今天的城市发展水平下的需求和再一次改造平安大街的前提与动力。

1999年（左）和2020年（右）
北京城市发展数据对比示意
（数据来源：北京统计年鉴）

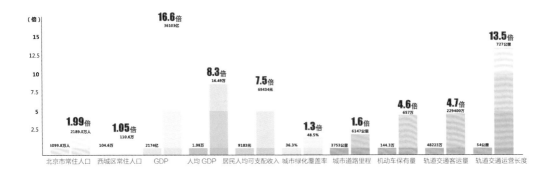

马路宽，人行窄，步行体验不友好。

大街上各种市政杆体林立，更有甚者横在路中。

行人遥望着马路对面，想要过街承受着不小的心理压力。

非机动车的停车需求十分大，但停车位没有统一规划，只能是任意停放。

平安大街北侧，反复出现了很多"高台"空间，步行道忽上忽下。

沿线很多民居经过几次三番的"治理"，呈现"打补丁"的破旧面貌。

人行道上，众多电力箱体"拦路"，成为平安大街上的一大顽疾。

被围挡的城市空间，多年不曾揭开神秘面纱，似乎已经与平安大街完全隔绝开来。

平安大街在贯通二十年后的街道空间现状和使用状态（2020）

西城段：历史结构与现代功能的叠合

　　2020 年 8 月，《首都功能核心区控制性详细规划（街区层面）2018-2035 年》正式批复，北京老城的保护更新也进入了一个崭新的阶段，北京市规委在落实核心区控规的说明中，明确提出了城市干道林荫化改造的策略。2020 年秋，我们开始参与平安大街西城段的街道环境整治与更新工作，在此之前，东城区已经开始了平安大街东城段的街道更新改造工作。平安大街作为一条市级干道，政府提出"一街不能两样"的要求。所谓"不能两样"更多是对统一实施的道路标准而言，而这条大街东西贯穿老城呈现出的是丰富多样的城市生活状态、功能布局和空间形态。因此，西城段在道路设施的标准上既要与东城段对标统一、延续中央绿带的基本格局，又要在此基础上结合西城路段的问题和现状开展具体深入的研究和设计工作。

　　北京东、西城传统的城市空间结构有很大不同。与东城规整的街巷格局相比，西城因自积水潭至什刹海、北海和中南海的蜿蜒开阔的水系穿越皇城内外，而呈现不同的形态。在北京内城中，紫禁城是较为严整的中轴对称，但皇城因包容西侧的北海和中南海而呈现偏心布局，至少有 2/3 的区域在中轴线西侧。今天，沿平安大街西段依然有近 500m 的北海公园围墙，像是某种历史的基因提示着曾经皇城北墙的边界，在什刹海附近更是展现了经典的城市历史状态 。

　　在现代城市功能上，西城段沿线有大量机关单位、学校、医院，其中中纪委和儿童活动中心、北京四中、北大医院沿街都几乎占有一个街区，其封闭或半封闭的实体边界和管控状态，进出聚集的不同类型和密度的人群，也都成为塑造街道氛围的重要因素。而平安里地区作为平安大街 1999 年最后被打通的路段，多年来又成为数条地铁线的施工场地，现状问题也最为集中。

平安大街北海公园段街景

虽然皇城北墙已经消失，但北海公园的围墙依然在地安门西大街南侧呈现着某种历史基因。

半开放的公共服务场所如医院、街道办事处等
开放的商业、餐饮、娱乐等
围墙
封闭的民居住宅、企事业单位以及闲置空房等
开放的步行空间、景观节点、广场、历史遗迹公园

平安大街北海北段开放程度分析图（2020年）

平安大街西城段路南长长的皇城城墙和路北围绕什刹海公共水域的日常生活场景，与东城段严整的传统胡同格局形成了很大的反差和对比。

平安大街平安里段变迁示意图

自1950年代至1999年的四十余年里，平安里地区经过拆改、打通、街道拓宽，确立了平安大街西城段街区的基本格局。

在合理范围内压缩了原有车道宽度释放出的空间延续了平安大街东城段的中央绿化带，拓宽既有人行道并且补种了行道树，重构街道的尺度。

改造后街景

重构街道尺度

我们的工作从踏勘现场开始。对于建筑师而言，与通常的建筑设计工作不同，街道环境的整治和节点微更新的工作可能大多时间不是面对图纸的冥思苦想，而是行走在街头的体验、对街道生活的观察、对多样的行人和周边居民具体生活状态的理解，需要有目的地发现问题。在近一年的时间里，粗略估计设计团队在平安大街 3.5km 的西城段往返行走的路程累计近千公里，这也正是我们发现街头问题的基础和线索。现场丈量、路口计数、地图标记、影像整理、街头采访，数次实地踏勘又是与相关各方一起，随走、随看、随听：与区政府、建设管理方一起，听取他们对街道更新之畅想；与属地"新街口""什刹海"的街道工作人员一起，了解他们具体的需求和建议；与市政、绿地、施工方一起，逐点、逐户排查，了解各处问题；与电力、电信、公交、路灯、交通等各部门一起，协同探讨可能性等。为了准确把握市民需求，西城区管委协同街道进行了街道使用者问卷调研。倾听更早完成的东城段设计团队的更新策略和实施经验，也对我们帮助甚多。

此次街道更新之源是为了落实首都核心区控规，去编制单位北京市规自委、北京市规划院上门"倾听"取经也是重中之重。

我们逐渐厘清了工作思路：一方面结合市政条件对标统一道路实施标准，利用压缩车道宽度释放的空间延续中央绿带、拓宽人行道、补种行道树，以林荫化的方式重构街道尺度；同时缩小道路转角、增设过街安全岛和公交港湾、改善步行骑行的体验，落实健康街道的标准。

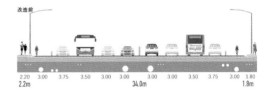

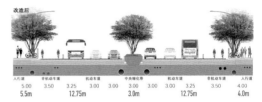

改造前后平安里路段剖面对比

改造后街景

改造后的平安大街，原本空旷、尺度失衡的街景转变为一片绿树成荫。忙碌的晚高峰时段，机动车、非机动车、行人们，各有其位。伴着树影，映着夕阳，老城似乎又多了一份祥和的烟火气。

安全岛和公交港湾

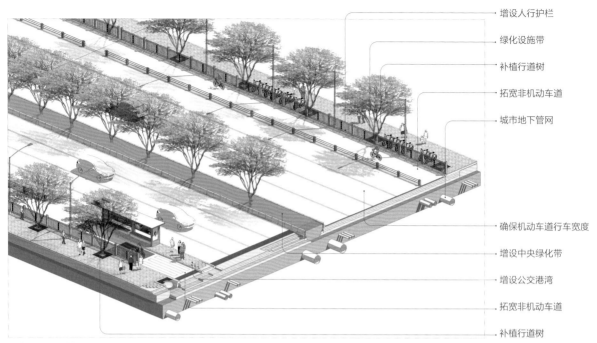

增设人行护栏

绿化设施带

补植行道树

拓宽非机动车道

城市地下管网

确保机动车道行车宽度

增设中央绿化带

增设公交港湾

拓宽非机动车道

补植行道树

平安里路段道路剖轴测示意图

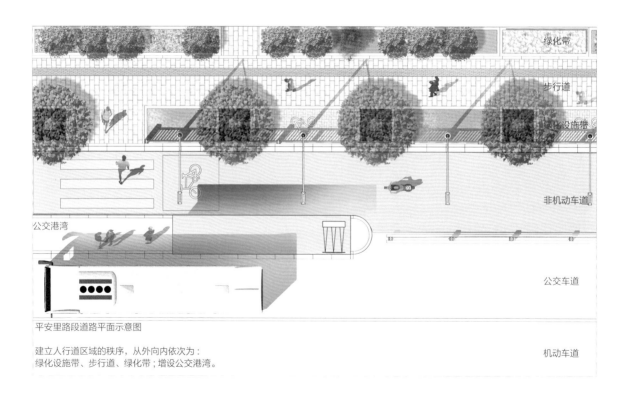

绿化带

步行道

绿化设施带

非机动车道

公交港湾

公交车道

机动车道

平安里路段道路平面示意图

建立人行道区域的秩序，从外向内依次为：
绿化设施带、步行道、绿化带；增设公交港湾。

改造前 | 改造后

安全岛和人行道改造前后对比

城市节点微更新

在对平安大街道路本身进行一系列更新提升的同时，我们结合西城段特点和突出问题，通过梳理城市空间结构的演变过程，以尊重历史信息为前提，以微更新的方法，选择典型节点和路段推动街道空间的复合化和生活化，提升公共空间的质量。目前已经改造完成的节点有：平安里地铁站转角花园、前车胡同与地铁出口广场、地安门西大街北侧高台区、什刹海荷花市场前广场。

"地方是具有历史意义的空间，在那里，某些事情发生了，今天仍然被铭记，它们在代际之间提供了连续性和统一性，地方是产生重要话语的空间，这些话语建立了身份、定义了责任、预想了命运。地方是这样一种空间，在其中，我们交换誓言、做出承诺并提出要求。"

——《空间诗学》Gaston Bachelard

在这些典型节点空间中，我们能清晰地感受到这种"地方"概念的含义，街道的活力既与街道尺度、交通流量和环境质量有关，更与生活在周边的居民以及不断演变的生活形态有关。改善的环境、宜人的尺度和运动设施会把人吸引到街道上来，但真实丰富的街道生活还是要在城市自然演进的过程中逐渐孕育而生。

改造后的平安里地铁站出入口

完成了微更新的四处城市节点区位图

改造后的什刹海荷花市场

平安里：林间地铁站

　　平安里地区作为平安大街 1999 年最后被打通的路段，多年来又成为数条地铁线的施工场地，现状问题也最为集中。该路段位于赵登禹路和西四北大街之间，全长 420m，路板宽度 34m，双向八车道。道路北侧自 2007 年 4 号地铁线建设以来长期被地铁施工场地占用，随着 2011 年 6 号线二期的建设和 2016 年 19 号线建设，场地内剩下的四合院片区被进一步蚕食。地铁风塔耸立路边，车行道宽阔，施工围墙长期封闭街道边界，把人行道压迫至最窄处不足 2m，整个路段只有 8 棵孤零零的行道树。

　　平安里西大街和西四北大街交叉口的西北角，4 号线和 6 号线地铁站口挤在地铁施工场地里的夹缝中。这次改造经政府协调，地铁施工腾退出街角部分场地。在分析进出站人流方向与城市关系的基础上，我们力求改善地铁口周边设施阻隔、混乱无序的状况，将街角原有的消极空地整合联通，设计了一片开放的树阵广场、健身活动区，营造林荫下的城市公共空间，改善进出地铁站的体验；在地铁站和风塔之间增设了一片半场篮球场地和健身锻炼的角落。虽然街角公园面积不大，建成后却大受周边百姓的欢迎。原本孤立于城市街边的地铁站成为公园中的林间地铁站，同时拓宽了北侧人行道，补种行道树，以绿篱取代原本连续的围栏，挪移占道的电杆，这些措施大大改善了步行环境的质量。

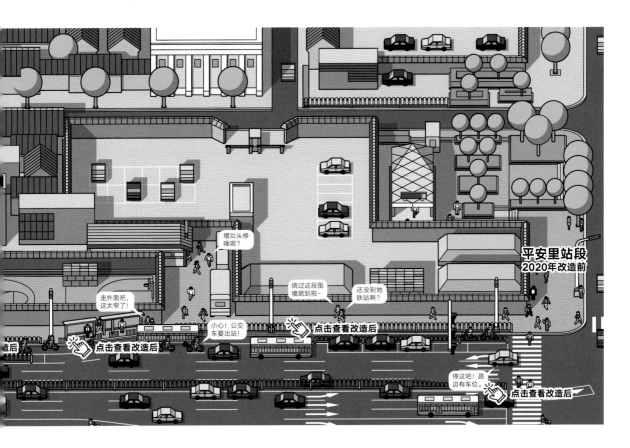

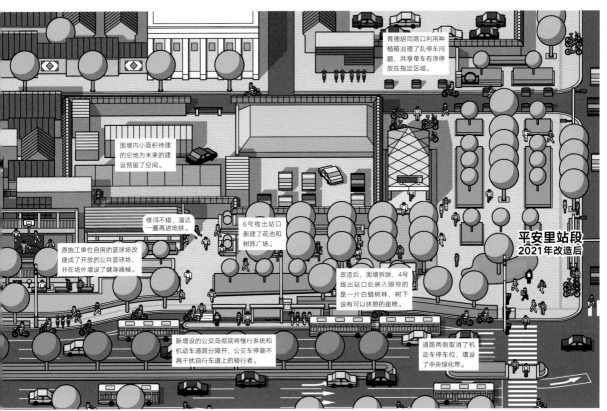

图片绘制：帝都绘

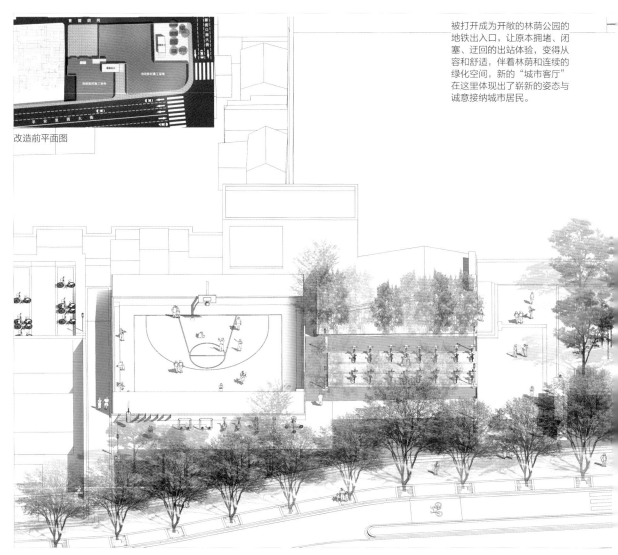

改造前平面图

被打开成为开敞的林荫公园的地铁出入口,让原本拥堵、闭塞、迂回的出站体验,变得从容和舒适,伴着林荫和连续的绿化空间,新的"城市客厅"在这里体现出了崭新的姿态与诚意接纳城市居民。

平安里地铁站街角公园轴测图

新建后的平安里街角公园,成为了周边居民健身、活动、散步聊天的一个小场所,同时也为地铁出站的人群提供了一段与城市道路友好过渡的绿化空间。虽然街角公园面积不大,却受到周边百姓的欢迎与称赞。

改造后的街角公园和篮球场

改造前　　改造后

地铁出入口处改造
前后对比

被"劈开"的前车胡同：
保留边界

　　在平安里路段的路南，有一排破旧的四合院墙夹在两侧的二层仿古建筑之间，与大街隔着一片混乱的地铁站口的小广场，这里就是前车胡同的南边界。胡同以北的部分在1999年平安大街拓宽时被拆除，今天看像是展现了胡同的剖面，建筑和居民面对的不再是私密、慢行的胡同，而是直向繁忙嘈杂的城市干道，与主干道之间的空地被地铁站前杂乱的停车占满，穿行的路人和无序的停车给居民日常生活带来了很多不便。

　　我们首先认识到更新改造应该清晰地保留胡同的边界，提示城市发展演变的痕迹，以此为前提清理道路设施、梳理路板，利用设施带收纳共享单车和电动车；在补种路侧行道树的基础上，又在前车胡同边栽种一排国槐，以此形成与主干道之间的缓冲；同时逐户与住户协商，对前车胡同立面进行修缮，处理好电箱和室外机与场地和立面的关系，在工法上采用老砖砌筑的方式，既保证了建造质量，也协调了胡同风貌。

前车胡同区域肌理在1999年　　　　　1996 年　　2020 年
平安大街贯通前后的对比

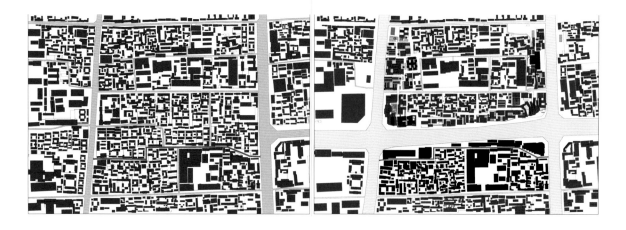

改造后前车胡同南立面局部和
面向平安大街的小花园

改造前　改造后

面向平安大街的前车胡同南边
界此次改造前后对比

台上还给居民，台下留给行人

地安门西大街北侧有一段四合院的标高比平安大街的路面高出1m多，这里也是平安大街路板最窄的一段，台上破旧的院墙、参差的边界、林立的电箱，让原本就不宽的人行道更显局促，路人穿行与居民进出窘迫地碰撞在一起，而台下就是平安大街繁忙的车道。

在设计过程中，我们把台上看作传统城市的标高，而台下是当代城市的标高，首先仔细地梳理了边界条件，利用压缩车道释放出的有限空间把人行道调整至街道标高，让通行更顺畅便捷，并通过整理电箱和灯杆、修缮立面、增加绿化，使台上空间能有序地容纳和反映四合院内的生活需求。我们希望整理后的高台区能成为传统四合院生活空间的外延，减少与城市道路之间冲突。高台上是传统城市院落，高台下是现代城市街道，高差在这里也成为一种对历史时间的提示。

高台区改造前后对比

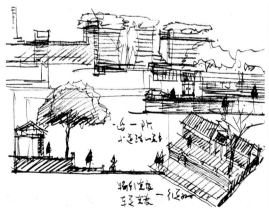

概念草图

高台区改造设计轴测图

从街道看改造后的高台区，居民
生活和城市交通不再互相干扰

什刹海荷花市场：重历史、轻介入

在平安大街穿越什刹海和北海的路段北侧，可以看到荷花市场的入口处有一小片贴近水岸的开阔地，这里是老城核心开放的城市公共空间，也是大量游客探访什刹海的起点。从北京城市空间结构演变的历程看，这里是北京城颇具历史意义的一个节点。在皇城北侧细密的传统城市肌理中，开放的水域打开了城市空间的视野，把视线引向钟鼓楼和远远的西山。这幅画面应该是今天老城为数不多的接近历史风貌的场景。曾经皇城外的这片水岸边有热闹的市井生活，而今依然在充满历史感的背景中描绘着生动的日常生活。

从初期的现场调研和问卷调查反馈的信息中能发现，居民的诉求更多集中在增加日常市民生活设施上，而游客则是希望改造环境、提升场所的标志性。但当我们把这样一个节点放在北京城市空间结构演变的历史中，就能清晰地感受到现场蕴含的历史意义。更新不能简单地顺应居民和游客的要求而走向世俗化或旅游化，而是要在发现场所的某种纪念性的前提下包容日常生活。

因此首要的工作是尊重历史演变的痕迹，保护水岸轮廓和基本的场地特征，在此基础上采用微更新的方法，梳理并解决现场及周边环境问题：以坡道顺行东西方向主要通行路径与城市的高差；取消绿篱和围栏适当拓宽步行道，补种行道树构建从水岸广场到城市的有层次的空间体验；在原有地面铺装的基础上适当强化荷花市场牌楼的指向；增设绿化景观坡道，调整坡道坡度，取消粗大的不锈钢栏杆；原来广场上的几棵大树被围栏和绿地包围其中，我们打开这片空间，让人可以从树下穿行或休憩停留。改造完成后人们熟悉的感觉没有变化，但空间质量却悄然提升。

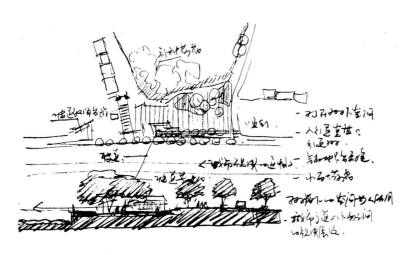

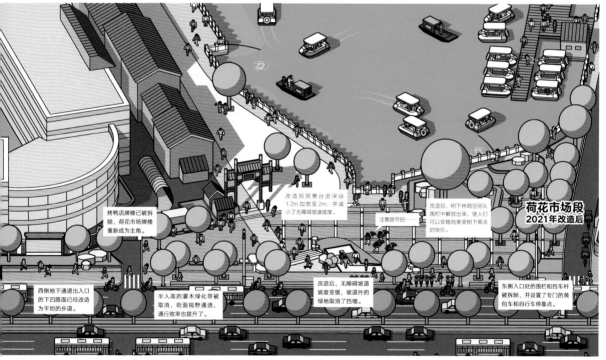

图片绘制：帝都绘

从荷花市场隔着平安大街看对
面的北海公园

荷花市场改造前后对比

访谈：
历史结构与当下日常的连接

对谈人
柴培根 C／刘爱华 L

统一与多样

|L| 平安大街街道更新中，西城段是在东城段之后启动的。在东城段更新中，建立中央绿化带、以林荫化的方式重构街道尺度、拓宽人行道、整合市政设施等一系列基本策略已经确定，同时市政府也明确了一街不能两样的整体要求，这是否意味着西城段的更新工作主体是"复制"和落实以上基本策略呢？

|C| 最开始我们参与到这项工作中时，我个人也有类似疑问，东城段的更新已经确定了这次街道更新的基本模式，西城照做就可以了，那我们作为设计方参与其中的意义是什么？或者说我们还能在此次街道更新上做哪些工作？对此其实并不是特别肯定。

于是，我们花了一段时间仔细梳理现场问题，从一个市民的角度来重新看待这条街道，同时调研东城段及其具体更新工作。正是在这些前期调研之后，我们逐渐对这次更新设计的内容有了更加清晰的认识。政府提出的"一街不能两样"是指要建立统一的道路实施标准，可以说这是一个规定动作；同时，面对平安大街全线的空间现状、生活内容和城市氛围所呈现出的非常丰富多元的状态，我们还要结合西城的具体问题，以街道的线性空间为线索，梳理和挖掘城市公共空间的多样性，让街道真正成为城市生活的载体。这也是城市公共空间活力得以被激发的基础，从这个角度说又是"一街多样"的。

在工作之初我们就一直在提醒自己，不能再走以前街道治理"表面化""绅士化"的老路，而要把这条街道放到整体的城市空间格局演变当中，放到整个城市的交通系统中，放到街边的日常生活中，重新看待街道的定位及其相应可能的调整和改变。

|L| 具体来讲，平安大街的西城段与东城段有哪些不同的现状特点和问题？

|C| 我觉得可以从历史和现实两个层面来看平安大街东西两段的差异。老城内原本没有平安大街，后来出现了这样一条横穿老城东西的街道，原本就是一件不寻常的事情。为此，我们绘制了平安大街的城市空间结构演变简图，呈现它逐渐形成的历史，分析它是怎样一步步出现在这个城市里，背后有哪些原因，留下哪些城市发展演变的痕迹。在这个过程中，我们越来越意识到平安大街的形成是以皇城的北边界为一个起点，之后逐渐顺应两侧城市肌理向东西延伸，直到1999年（迎接国庆50周年），政府制定了统一的道路规划，实现了平安大街的东西向贯通。

从历史层面看，北京老城结构在大家印象里是中轴对称布局的，对紫禁城和内城、外城来说，确实是明确的严整对称，但位于内城和紫禁城之间的"皇城"却不是中轴对称的。原因是北海、中海和南海这片开阔的水域包含在皇城之内，所以从中轴线看皇城大约有三分之二的区域在西城，三分之一的区域在东城。因此，历史上所呈现的西城段跟东城段就不太一样，西城段路南长长的皇城城墙和路北围绕什刹海公共水域的日常生活场景，与东城严整的传统胡同格局形成了很大的反差和对比。

此外，西城段还有北大医院、中纪委、儿童活动中心、北京四中，这些大型机构面向平安大街所形成的长而封闭的边界，给街道状态划定了一个最基本的特征，这也是我们在处理街道分段和街道空间节奏上的一个重要依据。

平安里，空间和时间的"过渡段"

|L| 为什么会选择将平安里路段作为平安大街西城段最
先启动的试验段？

|C| 平安里路段是从西四到赵登禹路口之间的区域，
恰好我们团队之前参与的北京地铁 19 号线一体
化工作也涉及这个区域的一体化织补。19 号线是
在地下南北穿越老城，平安大街则是在地上东西
穿越老城，有机会在这两个层面的交汇点解决并
探寻老城在发展过程中遇到的问题，以及在未来
发展中的机会，我们觉得很有趣，也很难得。

平安里被选择作为这次西城段街道更新的试验路
段，主要基于两方面的考虑。首先，我们把平安
大街西城段分为三段——沿着什刹海、北海公园
围墙的地安门西大街为古都风貌保护段；从官园
桥往东现代建筑居多的路段为现代城市风貌段；
二者之间就是平安里这一段。这里长期被地铁 4
号线、6 号线、19 号线施工占用，可以说地铁施
工对老城造成了很多破坏。但反过来说，平安里
区域也为老城基础设施的改善和建设做出了很多
牺牲。除了 1999 年在打通平安里路段时拆除了
胡同四合院之外，地铁的建设又进一步对老城肌
理进行了蚕食，我们也绘制了一组分析图来反映
这一过程，还是让人很痛心的。

平安里路段的设计工作还面临这样的任务——未
来地铁施工完成后如何处理其腾退的场地，如何
织补老城肌理，如何更好地利用这一城市空间给
老城面对当下和未来生活做出功能上的完善补充
和提升。实际上机会也在其中，所以我们选择了
平安里路段作为西城段的试验段。同时，它也是"过
渡段"，既是从传统风貌到现代城市街区的空间
过渡，也是从当下地铁建设中待定、暂时状态到
未来地铁建设完成后全新面貌的一种时间过渡。

其次，选择平安里作为试验段的另一个原因是，
地铁施工导致这一路段的城市面貌一直为市民所
诟病。地铁施工围挡长期占道，行道树缺乏，人
行道宽度狭窄，还有电线杆和公交车站台，使得
通行非常困难；地铁站窝在施工场地内，人们只
能穿过夹道进出地铁。在道路南侧，两层的仿古
建筑因不同使用方自行装修而变得非常杂乱，中
段还有当时拆除平安里段留下的破旧的传统民居，
前车胡同的南墙夹在两侧仿古建筑中间，整个街
道的面貌看起来非常奇怪。

选择平安里路段作为试验段，既延续了东城的道
路更新标准，也希望能够改善这一区域的状况，
解决过渡期的很多现实问题，是非常有意义的。

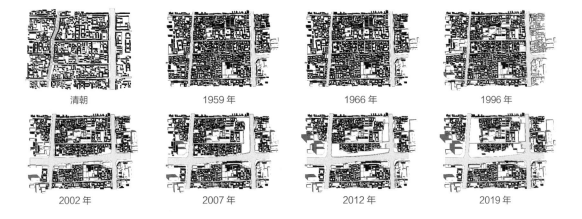

| 清朝 | 1959 年 | 1966 年 | 1996 年 |
| 2002 年 | 2007 年 | 2012 年 | 2019 年 |

平安里路段城市肌理变迁

场所即记忆

|L| 在城市空间节点的更新改造中，如何让这些场所成为承载城市生活的空间载体？建筑师的介入和广场或公园的偏景观类设计有什么不同？

|C| 在完成平安里试验段的工作后，我们对这次街道更新工作有了非常具体的认识。改造中，我们将平安里段靠东侧的街角作为空间更新的一个节点，重点是"解放"两个地铁站口空间后形成街角公园和迷你篮球场。改造后的场所很快获得了来自市民、学生，甚至有些同行的非常积极的反馈，觉得这里的环境改善使每天从这经过时的感受都有很大不同。这样的一小片城市空间能够产生这么大的影响，给周围居民生活带来这么多积极的改变，也给了我们很多信心。此后，我们陆续对沿街其他重要城市公共节点进行了调研和设计。

对于什刹海荷花市场前广场，我们同样先做了现场调研和问卷，了解人们在日常生活和旅游上的需求。同时，把什刹海节点放在平安大街的整体空间结构演变的历史关系中，从老城空间体系来说这里是皇城墙脚下，虽然现在皇城墙没有了，但北海公园的北墙某种程度上仍是对皇城墙的空间提示：可赏什刹海，可看钟鼓楼，甚至远眺西山。我们意识到它不应是一个被旅游化或者简单服务于日常生活的街头广场，而应是北京老城中具有非常重要历史意义的空间节点。因此，我们经过几次讨论，非常慎重地确定整体设计方向，一方面不能成为迎合旅游化的景点；另一方面要从解决高差、步行连续性、释放开放空间等具体问题入手，以轻介入、微更新的方法改善场所环境。

从完成效果看，应该说达到了目的。人们来到这里，第一眼不会觉得有太多变化，但是在实际使用中能感受到以往在空间体验和使用上的问题被有效地解决了。通过一条景观坡道，人们从街道能更方便地走到广场上；原来被大片绿地围绕的古树被"解放"出来，形成可以休憩停留的树荫；保留原水岸边界，适当放大水岸空间；没有调整场地的原铺地关系，只是更换了少量破损的材料，更换并重新铺砌了通向荷花市场牌楼的地面甬道，强调了轴线；取消了部分绿篱，让广场的东西向和两侧人行道之间的衔接通行更通畅。

除了城市中重要的历史节点外，还有那些反映平安大街形成过程的历史信息的区域节点也应该被关注。它们既是大家讨论的问题所在，同时也是历史记忆所在，这些历史信息是应被保留的。前面提到的平安里段前车胡同就是这样一个区域，当时平安大街的贯通导致前车胡同直接面向大街，并紧邻地铁站出入口。最初我们从扩大地铁站口使用空间的角度，曾考虑放大地铁口站前小广场，将其与前车胡同路面做成一个整体，但这样的话胡同南侧边界消失了，胡同的痕迹就被抹掉了。后来综合前车胡同的车行交通规划，我们决定把胡同边界非常清晰地定义出来，以营造环境的方式适当区分地铁站前广场和前车胡同，形成两种不同的空间类型。同时依据对沿街住户的调研，重新修缮沿平安大街的胡同立面，采取与以往简单用涂料或面砖处理的不同方式——传统做法贴砌，让修缮后的民居更适合居住，获得更长久的使用状态。

当这些工作完成后，前车胡同和平安大街之间的关系不再像以前那样生硬、尴尬，同时一些平安大街形成的历史痕迹也被保留下来，这对未来的城市发展是有意义的。多年之后，人们可能会问为什么平安大街上有一小段传统四合院被夹在两侧仿古建筑之间，我想这样的疑问会促使人们去探寻、了解平安大街的形成和当下状态，也是一种城市记忆。

街道的环境整治和提升工作需要多专业协同合作，从这些节点的更新设计中能看出，建筑师的介入模式是把街道环境转化为"场所"去判断问题，更多地考虑人的活动和状态、城市日常生活的节奏和记忆。同时，既有建成区的更新工作中，建筑尺度是定义街道空间关系的前提。因此在尺度感上，我们非常重视对规划的宏观尺度和景观的微观尺度之间的协调。

[L] 在这次街道更新设计中，我们明显看到了对城市历史结构——"城市记忆"的关注和表达，这是基于对城市和历史怎样的价值观？

[C] 说到城市记忆的问题，在做平安大街之前，我们团队已经参与了不同类型的北京老城更新工作，包括单体建筑的改造、历史片区的整体区域发展研究、点状的小院更新等。这些不同类型的城市更新工作使我们逐渐形成了对城市的统一价值判断，其中很重要的一点就是如何发现、整理、保存这些城市记忆。当然，在不同项目里对城市记忆有不同的表述，比如我们经常说的城市发展的经久性元素，作为城市记忆所依附的实体既有其自主性，又有一定生命力。

在这样的观念下，我们越来越清晰地意识到城市更新工作，尤其是老城更新，首先不是静态的、以某个历史时期的风貌为目标的，也没有所谓节点或终点。因为城市的变化无时无刻不在发生，我们只是以某个角度或某种身份参与到城市发展的历史进程中。在这个过程中，我们既是建筑师，也是生活于城市中的市民，始终带着一种感情和温度来审视自己的生活环境。从这个角度上来说，对城市记忆的审慎、尊重的态度也是对我们生活环境的一种维护。对于老城而言，虽然实体的城市环境的变化或消失令人惋惜，但相比较而言城市记忆的消失更加可怕。如果人们对老城曾经的发展过程和历史脉络认知已经慢慢模糊，或者已不关心，那么老城的保护和更新会面临更大的困境。所以我们在工作中不断提醒自己，希望给未来老城的发展留下一些线索、空间和余地。

高台区的改造也是基于这一价值判断而进行的。在地安门西大街路北，有一段传统四合院位于街道标高之上近 1m 高的高台上，这里也容纳了人行道，高台之下是机动车道和非机动车道。因为平安大街是按照现代城市道路标高而设定的，自然造就了看似奇怪的高差，因此从这个角度可以理解为平安大街代表的现代北京的标高，而高台上的四合院则记录了传统北京的标高。虽然这个高差提示着街道变迁的历史信息，但现实的使用状态非常尴尬。政府原本希望弱化这个高差，但我们的策略是把人行道从高台标高挪到路面标高，使得步行更加顺畅，高台区域也成为传统四合院的外延空间，居民们的生活空间可在合理规范和管理下适当延伸。这样在街道界面就会出现有趣的对比，既有服务于现代通勤的城市道路，又有传统街区的日常生活，二者之间在高度上形成一种缓冲与过渡。

注：
原载于《建筑技艺》2022 年第 1 期

陆

老城轨道交通微中心织补

161—183

地铁 19 号线
平安里站

设计时间：2015-2022 年

建成时间：2023 年地下部分完工

项目规模：3000m²

地　　点：北京市西城区平安里西大街

北京老城是一个水平展开的城市，传统生活大多都被压缩在 4m 高的屋檐下，"平"是老城的重要特征，也是未来风貌保护的重点。在水平的老城里，就日常生活而言其实无所谓"上下"，但随着现代城市生活方式和内容的改变，尤其是地铁线网的形成，现代城市的速度和效率在水平的老城之下展现出另一幅忙碌的生活场景，因此城市有了"上下"之分，在这里"上下"不是静止分离的状态或抽象的概念，在这"上下"之间我们感受到城市发展的脉搏。但怎样处理好"上下"之间的联系和转换，如何利用好"上下"之间，为高密度的老城空间提供发展的余地，解决更多的问题，是平安里地铁站一体化设计的目标。

　　地铁在地下封闭空间中把人从一个地点快速地转移到另一个地点，这是一种典型的现代生活体验，而地上需要利用站厅及附属公共服务空间织补老城肌理，修复呼应老城风貌特征，融入周边街区。当阳光透过一组四合院照进地下换乘厅的时候，现代经验与传统文化碰撞在一起，一种穿越的体验把场地特征自然地表达出来，人们不需要再在毫无空间特征的通道里，而是仅仅依靠壁画雕塑和室内装饰来分辨车站，就能在城市的"上下"之间建立起具有历史氛围的场所感。

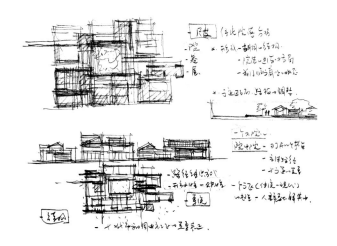

城市发展对老城的扰动

参与这一地区的城市更新工作是以北京地铁19号线一体化设计为起点的，我们从2015年接手这项工作，包括地铁19号线一期九个站点一体化的设计工作。工作重点研究九个站点与周边区域的城市关系，既要处理好站口与既有环境的矛盾，也要结合具体场地条件梳理站点附属设施的排布，减少对城市公共空间的影响，同时还要充分利用轨道交通站点的优势，激发场所活力。19号线一期南北穿越北京城区，每个站点的一体化设计研究都是与不同城市空间形态的对话，既有现代城市建成区，也有传统城市的保护区。作为新时期带动城市发展的轨道交通建设，一方面轨道交通作为重要的公共交通方式和重要的基础设施，改善了市民的出行环境，方便快捷高效；另一方面，轨道交通线路的发展和完善对于城市既有空间结构和城市生活环境也产生了积极的影响。尤其在今天中国城市发展进入到从增量扩张到减量提质的新阶段，结合轨道交通站点的城市微中心，也成为城市更新的一种新形式，成为推动老城更新发展的力量和机遇。

平安里站作为北京地铁线网穿越老城的三线换乘站，位于北京老城核心区西部，紧邻老城北部东西交通干道平安大街，这一路段是1999年平安大街贯通最后被打通的路段，当时拆除成片的传统四

合院片区引起大量专家学者争议。另一方面，路段北侧长期被地铁施工占用，临时性的施工围墙让近500m的城市边界一直处于一种简陋封闭的状态，也为市民诟病。因此，在平安里站一体化设计之初，我们首先以整个平安里路段作为样本，从不同的尺度深入研究了区域城市更新的问题和可能性。近几年在此基础上，我们又完成了平安大街西城段的环境整治提升工作和平安里站微中心织补工作，同时2021年中间思库的选题也继续就这一区域从未来的城市发展的角度，在不同方面做出了现实而大胆的想象。我们长期持续针对一个地区的研究，既有围绕现实问题、基于现有的规划政策、实实在在地改善城市环境的举措，也有突破现有政策的约束、对于未来发展的畅想。这些工作内容和思考让我们深切感受到老城更新的现实性和必要性。

围绕19号线平安里站的设计工作，是从更大范围的城市研究开始，如何利用地铁建设腾退的场地，如何修复传统片区紧临建设场地参差破败的边界，如何充分利用这个机会，补充解决老城居民面对现代生活之所需。这些问题都要放在整个街区的范围内去研究讨论。

平安里站是19号线穿越老城中心的一站，之前地铁4号线和6号线均在平安里设站，19号线通车后，这里将成为老城核心区内的地铁三线换乘车站。地铁穿越城市建成区，尤其是北京老城，建设施工的限制条件和难度都是非常高的。平安里路段是1999年平安大街贯通实施的最后一段，因为修路拆除了传统片区，因此地铁建设施工场地也选址于此，道路北侧自2007年四号地铁线建设以来长期被地铁施工场地占用，随着2011年6号线二期的建设和2016年19号线一期建设，场地内剩下的四合院片区被进一步蚕食。

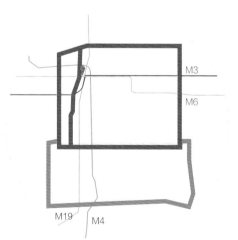

汇聚在平安里的四线地铁

地铁19号线南北穿越北京城区，其中的平安里站汇集了地铁4号、6号、19号线，未来3号线也将在此设站。

乾隆年间

建筑以院落为主，院落脉络清晰，胡同肌理明确，建筑密度小。

1996 年

大体量新建筑逐渐产生，部分四合院建筑被拆除。

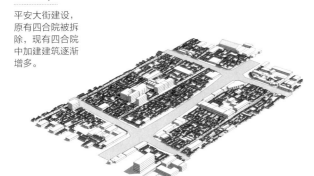

1999 年

平安大街建设，原有四合院被拆除，现有四合院中加建建筑逐渐增多。

2007 年

4 号线建设，新街口南大街四合院拆除，新建大体量建筑进一步增高。

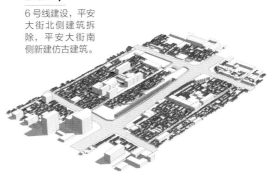

2011 年

6 号线建设，平安大街北侧建筑拆除，平安大街南侧新建仿古建筑。

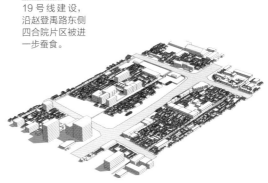

2019 年

19 号线建设，沿赵登禹路东侧四合院片区被进一步蚕食。

平安里路段老城肌理变迁

平安里位于北京老城核心区西部，紧邻交通干道平安大街。在 1999 年以前，平安里地区一直顺应元代的城市格局不断演化，1999 年平安大街的拓宽和贯通使该区域的传统城市肌理被改变。如今在地铁建设的推动下，这里将成为老城核心区内的地铁四线换乘车站。

现状：不相通的
老城上下

地铁建设让老城呈现出上下迥异的城市状态，地上是宁静的胡同四合院和悠闲的老街坊，地下是穿梭的地铁和密集忙碌的人群。这两层城市生活相互独立，仅有地铁出入口联系地上地下，相关规范及城市规划要求地铁出入口及附属设施与周边建筑保持

一定的距离，与城市的关系相对孤立。地铁建设腾退的空地上，不同时期建设的多条地铁线路的地铁出入口孤立地散布其中，剩余的场地作为后续地铁建设的施工场地。老城拆迁难度大、地铁建设时序长等多重因素，让这块场地一直处于临时性和片断化的状态。

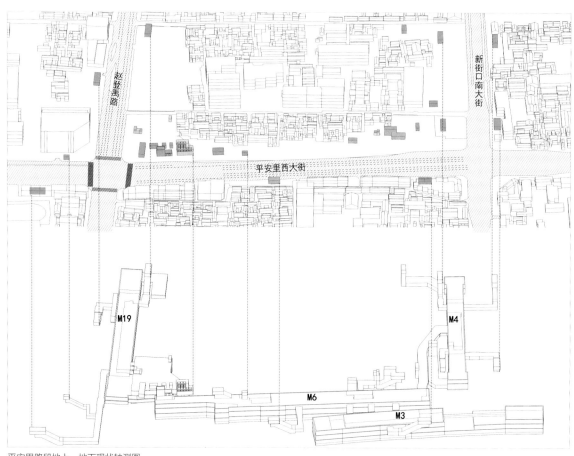

平安里路段地上、地下现状轴测图

持续多年的"临时"状态

长期被地铁施工占用，施工围墙封闭了整个街区，近500m的城市边界多年一直处于简陋、消极的状态。

几个独立的地铁出入口被围墙包围，人们需要穿过施工围挡的夹缝才能找到出入口。车行道街角渠化段宽度达42m，行人过街艰难。北侧一条车道始终停着大巴车；而施工围墙却把人行道挤占至最窄处不足两米，整个路段只有八棵孤零零的行道树。

平安里路段北侧现状

为修补街面而建的二层仿古建筑像一块遮羞布，将传统四合院拆除后的残破边界与大街相隔。建筑进深很小，直面开阔的交通干道，路侧没有足够的停车位，很多店铺的经营难以为继。

平安里路段南侧现状

城市设计：
肌理织补 上下连接

随着地铁 19 号线的建成通车，地铁建设场地将逐步腾退。在平安里站一体化设计的初期，我们就平安里路段未来的发展做了整体的城市设计层面的研究，以织补的方式修复老城肌理，恢复传统街区的尺度。如何利用地铁建设腾退的场地？有人提议既然已经拆了，那就尊重现有的状态，留白增绿，线性城市公园是个不错的选择；也有声音建议补齐平安大街两侧街廓的完整性，按照街道南侧的方式继续织补两层沿街仿古建筑。我们认为如何修复传统片区紧临建设场地参差破败的边界，如何充分利

用这个机会补充解决老城居民面对现代生活之所需，是当下更应面对的问题，而这些问题都要放在整个街区的范围内去研究讨论。

在育德胡同和平安大街之间，顺应原有传统城市肌理，打通了三段夹道，建立起胡同与城市之间的联系；同时仔细分析了现有平房区被蚕食的参差边界，适当压缩了原来规划的道路红线，利用有限的场地进深设置了一条背街，社区公共服务和少量商业以院落的形式沿街布置，沿平安大街的界面适当封闭，避免了小商铺开向大街面的状况，背街的步行尺度和空间氛围也更符合老城的感觉。在平安里段的地下，利用地下空间，在非付费区串联几条线路的换乘，同时结合地上背街的下沉庭院，把阳光和商业引入地下，改善换乘体验。

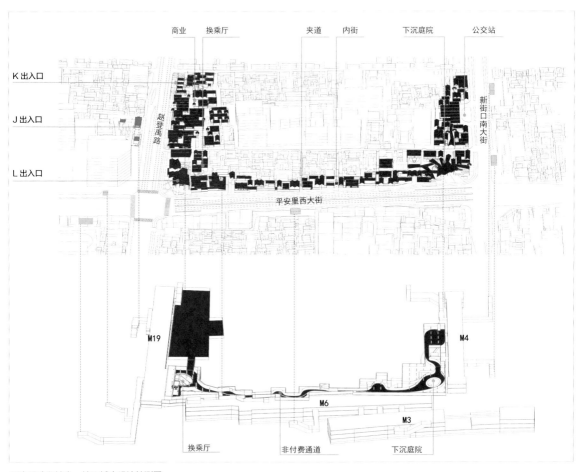

平安里路段地上、地下城市设计轴测图

对平安里未来的想象

通过三段夹道的打通，重新建立育德胡同与城市的联系，社区公共服务和商业以院落形式沿内街布置，节点设置通往地下交通的空间和容纳居民交往需求的微型公共空间。

适当压缩原来规划的道路红线，让出空间改善骑行和步行环境。沿平安大街的界面适当封闭，避免了小商铺开向大街面的状况。

东侧街角置入下沉庭院，将出地面的地铁出入口整合其中，庭院成为多条线路进出站的集散空间。

改造地铁口释放出的地面空间设置篮球场等健身场地和街角口袋花园，为老城居民提供公共活动场所。

兼顾地铁功能流线及保留平房基础影响，在可利用的地下空间梳理出一条非付费通道，结合内街下沉庭院把阳光和商业引入地下，改善换乘体验。

城市设计效果图

一体化设计的平安里站

2015 年我们接到地铁 19 号线一期一体化设计工作的委托，平安里站是其中一站，一共有 J/K/L 三处地铁出入口。基于城市设计的研究，我们将设计范围聚焦到三个地铁口，结合周边场地条件梳理地铁地面附属设施的排布，同时充分利用轨道交通站点的优势，激发场所活力，营造有品质的城市公共空间，实现老城的有机更新。

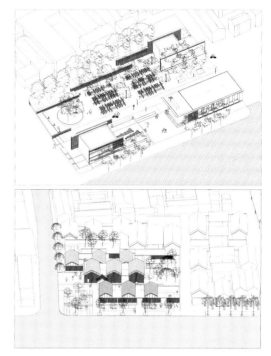

J 出入口（上图）与 K 出入口（下图）一体化设计轴测

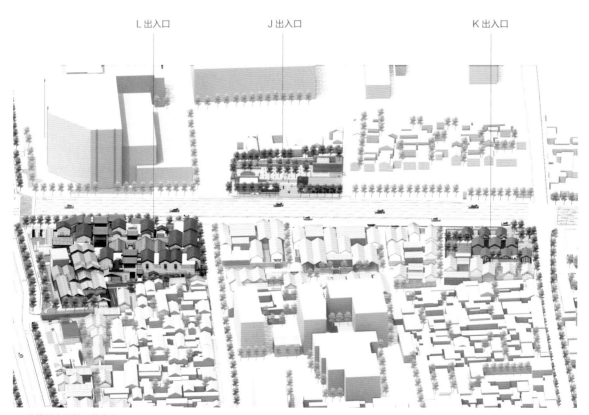

L 出入口　　　　　　J 出入口　　　　　　K 出入口

19 号线平安里站三处出入口
织补设计轴测图

从通道换乘到厅式换乘

北京以往的地铁换乘多以通道式为主，一来线性通道集约高效，方向清晰，便于组织人流。二来地下空间施工建设难度大，尤其是在既有建成区，通道是对地上城市空间影响最小，同时也是便于地下施工的方式。换乘通道或长或短，乘客匆匆而行，不同的照明方式和灯箱广告会适当改善空间感受，但毕竟是地下的线性封闭空间，除了连接站点完成换乘的需求，对行人而言确实不太友好。北京地铁这些年快速发展，线网体系已成规模，也越来越重视地下公共空间的质量，但以线性封闭空间为主，加之出于安全运营的要求，缺少必要的商业和生活服务的功能，总体空间体验还是比较单调。

因此平安里站一体化设计首先从地下换乘空间入手，在最初的工艺设计中，线路换乘采用的还是通道的方式。我们考虑到站点原来是地铁施工场地，地上建筑都已拆除，所以具备建设条件，将原有的换乘通道改为三层挑高的换乘大厅，在此基础上把自然光线引入大厅，进一步提高空间舒适度的同时，建立起地下与地上空间感知上的联系，另外换乘厅还可以提供应急缓冲空间。换乘大厅 20m×26m，面积约 520m²，高度为 15 ~ 18m。M19 到 M6换乘通道长 90m，将原有通道式的换乘改为换乘厅的方式，开敞的公共空间改善了通道换乘空间狭窄、枯燥的体验，缓解了乘客换乘过程中的压抑感，也方便乘客能够迅速识别出入口位置及换乘接口位置。

原通道式换乘方案

优化后的厅式换乘方案

下与上

换乘厅位于场地中央，地上空间的布局自然也就围绕换乘厅展开。如何形成大厅的覆盖，既能引入阳光，又可以利用这一层屋面，形成一种立体化复合化的空间状态，是设计之初集中探讨的问题。最初的方案，我们在换乘厅上方试图利用大跨度空间的结构高度把社区活动空间置于其中，但因地铁空间严苛的消防和安全需求，最终放弃了这个想法。后来也曾尝试在大厅上再做一个社区花园，但地下的大厅和地上的花园之间也还是难以建立起必要的联系，似乎只是为了利用大厅屋顶的无奈之举。

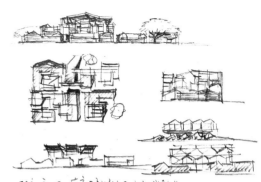

不同方案对地下换乘厅与地上社区的关系研究

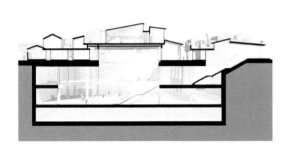

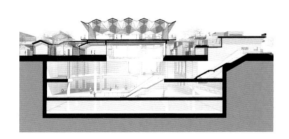

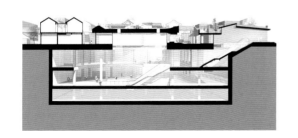

在一次与崔愷院士讨论方案的过程中，他提出换乘厅屋顶的设计和阳光进入大厅的方式，应该首先让地下的乘客能感受到平安里站所处的老城的历史氛围，这一思路把地上对传统片区的织补和地下换乘厅的空间特征结合在一起。于是启发我们用一组院落覆盖在大厅之上，仿若掏空了四合院的地下空间形成换乘厅，阳光透过一组传统卷棚屋架照进来，提示进出车站的乘客，这里是老城的地下。

地铁作为现代城市的基础设施，尤其是其乘车体验，在封闭空间中把人从一个地点快速地转运到另外一个地点，这是一种清晰而强烈的现代性生活经验。密布的地铁线网已经支撑起了现代的北京，而在平安里站的换乘大厅，我们希望现代生活经验和传统街区感受连接在一起，这仿若一种从现代到传统的穿越。

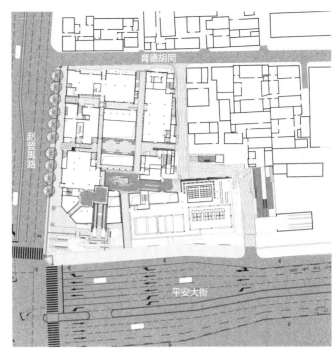

L 出入口一体化设计平面示意图

L 出入口一体化设计剖透视图

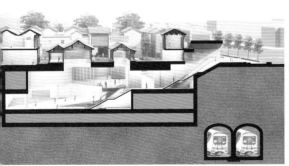

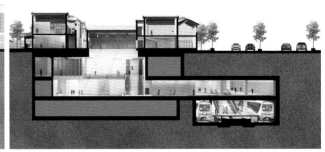

地铁换乘厅方案效果图

我们希望人们在地铁换乘过程中能感受到城市生活的氛围，故在地下一层的一体化利用区域与地铁换乘大厅连通的区域采用玻璃隔断；但因地铁工艺繁杂、消防和人防规范要求严苛，未能实现。

地铁换乘厅建成实景

内与外

换乘厅既是地下空间的中心，自下而上也成为地上空间组织的中心，一组组院落围绕换乘厅自然地衔接其场地与周边街区的关系。上位规划确定了一体化建设的地上建筑规模约3000m²，其中轨道交通及地铁便民服务设施约1200m²，街区公共服务设施约1800m²，建筑高度9m。平安里地处核心区，在严格的风貌管控的政策要求下，建筑的形式语言必须与老城四合院协调，没有太多选择余地，因此在尺度和风貌上延续城市设计的思路，以织补的方式融入周边传统平房区。

地上部分的设计有一个研究推敲的过程，最初的选择是一种集中式的单体建筑的做法，以换乘厅为中心，利用其结构高度和屋面作为社区多功能空间；商业和服务设施围绕周边，也有路径穿越建筑，以抽象的传统语言装扮现代的建筑体量，在这里"内外"是指建筑空间的室内和室外。实际上在城市公共生活中，更需要探讨的"内外关系"——内是指育德胡同和周边传统院落怡人安静的状态，外是指现代尺度的平安大街的快速喧嚣的状态，我们要决定内外是隔绝分裂还是各得其所，是对立冲突还是协调融合。

"织补"不仅是图形意义上的完型，更是现实生活中的体验，只是通过传统立面符号的装扮很难真正与周边的街区建立起融合的关系。单体建筑不论如何装扮，即使在风貌上能够与传统语言呼应协调，但依然是孤立的实体，切断了公共空间，无助于在街区关系中建立起场地内外的关系；而从肌理的分析角度去拆解实体，转化为几组院落的组合，夹道小巷和内院自然而生，人们可以穿行而过，从大街进入胡同。"织补"也不只是风貌上的动作，更是建立公共空间体系的动作。在今天北京的老城里，当你从一条喧嚣的大街走进胡同时，也能立刻感受到世界安静下来，走在胡同里听得见风声和鸟鸣，听得见街坊热情的招呼，这与外面车来车往的大街上闹哄哄的环境形成鲜明的对比。恰是这几步之遥，内外之间的体验，其实就是老城最传统的韵味。

窄窄的育德胡同、宽阔的平安大街，在这两个有强烈对比的城市尺度之间，这组场地实现了城市空间和胡同生活的双向渗透，缝合和填补了城市街道和保留平房之间的空白，四合院、火巷这些传统空间在被地铁建设撕开的街区里得以重现。

L 口周边织补设计鸟瞰效果图

最终设计还是回到传统院落的方式，结合街巷，从空间格局上真正去处理与周边街区的关系。沿城市干道的首层界面采取了一种适当封闭的姿态，只是保留了街巷的开口，走进去就从开阔的大街进入尺度宜人的传统街区；商铺和社区服务组成的多样的生活场景，都发生在内部的院落和适宜步行的街巷里；沿大街的边界适当封闭，对于穿行而过的车流和步履匆匆的行人而言，既减少了干扰，也提供了更加整齐高效的街道空间。

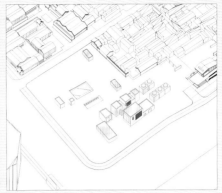

地铁附属设施自下而上的生长

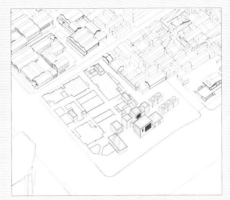

延续传统街巷尺度，衔接与周边街区的关系

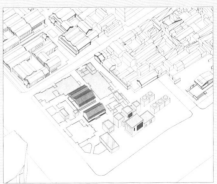

换乘厅作为地上空间组织的中心，以一进卷棚的合院建筑作为换乘大厅的屋顶覆盖

围绕换乘大厅织补公共服务等城市功能

内与外

外：沿城市干道的首层界面，适当采取了一种
封闭的姿态，只是保留了街巷的开口，走进去就从
开阔的大街进入尺度宜人的传统街区。

赵登禹路沿街效果图

内与外

　　内：当人们从一条喧嚣的大街走进院子时，也能立刻感受到世界安静下来，在院子里听得见风声和鸟鸣，听得见街坊热情地打招呼。院内摆放现代艺术品，在四合院里享受现代生活，体会传统与现代艺术的交汇。

街区内部效果图

东立面图

西立面图

剖立面图

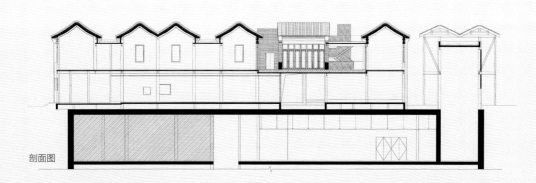

剖面图

传统与现代的"一体化"

保存过去的冲动是保存自我的冲动的一部分。认识不到我们处于何处，就很难知道去往何方。

过去是个人和集体身份形成的基础，来自过去的物品是文化象征物意味的来源。过去与现在之间的连续性，在偶然的混乱中制造了一种连续感，既然变化是不可避免的，那么一个有序的、意义稳定的系统就能使我们应付创新与衰退。怀旧的冲动也是适应危机的重要力量。

——休伊森[1]

在老城的更新工作中必然要面对风貌保护的问题，尤其在老城不能再拆以后，保护成为重中之重。作为建筑师，我们也当然赞同保护老城的政策和举措。这些工作及时且必要，但在实践方法上也有一些值得探讨和必须面对的问题，核心就是符合风貌保护要求的传统形式语言和建造做法如何满足当代生活空间质量的要求。

时代的发展和社会的变迁已经让传统形式和工法失去了其所依托的社会环境和背景。因此，协调风貌的传统语言就成了附着在现代空间上的装饰性符号。这种所谓"仿古"的做法并没有试图去挑战既有环境，也没有站在批判的立场上，甚至在建筑学专业的角度上可能这类建筑也没有太多讨论的价值。但这些符号既承载了城市的记忆，也表达了对于传统街区的尊重，符合大多数生活在老城的市民的认知和理解。原本"符号"就是感性的，事实上也没有一套理性客观的标准去评价"传统"的问题、去回应城市的集体记忆，以及掺杂其中的复杂情感。正如柯林·罗所说，"传统"拥有重要的双重功能，它不仅产生某种秩序或某种社会结构的东西，而且也为我们提供了可以在其中进行操作的东西，某种我们可以批判和改变的东西。

虽然传统符号消解了实体，但我们一方面把传统符号与现代空间结合起来，换乘厅上方的仿古叠梁和卷棚屋面定义了光线进入空间的方式，提示了场所的氛围；另一方面，顺应传统街区的肌理引导城市公共空间的建构，使原本孤立的地铁站口、封闭的四合院片、宽阔的大街、幽静的胡同，在织补的过程中形成了一个粘合在一起的、相对有机的、局部的整体——这也是一种"一体化"设计，综合处理城市问题的结果。我们期望平安里站微更新的设计能够摆脱"皮之不存毛将焉附"的那种现代生活与传统肌理冲突矛盾的状态，而是趋向于"皮毛"统一，当然更期望现代与传统能在日常生活的磨砺下"骨肉"相连。

沿育德胡同和东侧民居一侧，尊重老城风貌、协调街区肌理、融入传统保护片区，沿平安大街和赵登禹路重点处理临街界面的现代尺度的城市关系。

参考文献

[1] 戴维·哈维. 后现代的状况：对文化变迁之缘起的探究 [M]. 闫嘉，译. 北京：商务印书馆，2003.

街区内部效果图

柒

传统街区院落再生

185—217

鼓楼西大街 33 号院改造

设计时间：2021 年

建成时间：2022 年

项目规模：312m²

地　　点：北京市西城区鼓楼西大街

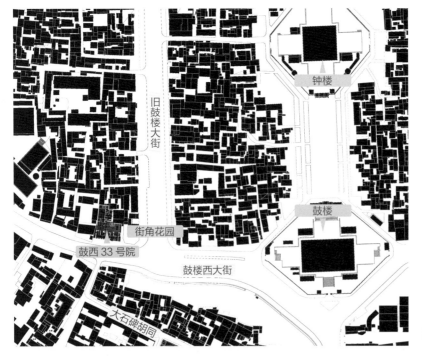

真正要了解北京老城更新的问题，必须要走进胡同，从院落平房区，从最微小也是最基本的单元入手，只有如此才能触及最大多数的老城居民的真实生活环境。当然这也是比讨论风貌和肌理更为复杂综合、更现实的难题。鼓楼西大街 33 号院并不是典型的北京四合院，只是没有太多历史特征的杂院，院落更新也没有围绕居住功能，其所处的位置及周边的社区涉及老城最核心的区域，小院儿贴临周边的邻里社区，老城生活的氛围十足。

　　小院儿的改造不是那种基于一个清晰的概念、经过理性分析、逻辑完整的设计过程，而是结合一次次现场的体验和发现，伴随建造施工进程、逐渐整理、不断解决问题的过程。在这一过程中，很多感受是碎片化的，甚至是有某种偶然性的。这些混杂的、片段化的空间感受消解了某种整体的或者说刻意的设计意识，在回应环境关系和解决使用需求的前提下，以分解的空间和拼贴的语言，让原本功能单一、空间封闭的杂院转化为适应新生活形态的开放公共空间，在此基础上回应城市区域发展、演变、叠合的过程。

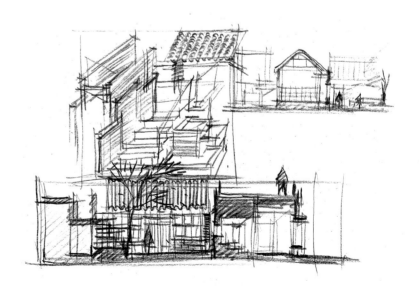

城市纪念性和街区日常性之间的张力

　　这些年我们持续参与北京老城的保护更新实践，其中既有历史街区的复兴，也有轨道交通设施一体化的织补，既有旧建筑的改造，也有街道空间的整治。这些设计经历让我们从不同的尺度和维度上对城市更新形成更全面的认知，对于老城有了更丰富和深入的理解。鼓楼西大街 33 号院改造是其中规模最小的一个，只有不到 $500m^2$，更新工作还只局限于院内，但这个小小的院落更新却在我们参与的一系列城市更新实践中显得尤为特别。

　　我想原因有三。一是院落作为老城最小、最基本的单元，其相关的更新实践对于老城未来的状态而言既有现实意义，也有普遍性和代表性。虽然 33 号院的功能不是居住，而是经营性的公共服务空间，但院落空间的尺度、与街道和邻里的关系，以及其现状的形成与使用状态，在老城依然很有典型性。二是 33 号院在鼓楼西大街与旧鼓楼大街的路口，就在鼓楼脚下，临近中轴线，而街对面就是连接着烟袋斜街和什刹海的大石碑胡同口，周边历史氛围非常浓厚，城市的纪念性和街区的日常性之间形成强烈的张力。三是既有的沿街立面不能再改造，院内的空间要基本保留、不能拆除重建，面积和高度也都在严格的限制条件下，还有什么可能性去改善、提升院内空间的质量？这让设计变得很有挑战。因此，小院的更新从现实和历史的不同角度引发了我们对老城保护更新工作的思考。

老城中的鼓楼西大街 33 号院

安静的鼓楼西大街

熙攘的鼓楼脚下

小院位于鼓楼西侧的鼓楼西大街开端。鼓楼对于生活在北京的人来说再熟悉不过，它在北京老城中的重要性不言而喻，钟鼓脚下总是熙熙攘攘；相比之下，位于鼓楼西侧的鼓楼西大街却非常安静。虽然二者只相距百米，街道活力却大不相同。

历史中的斜街

在元大都的规划中，中轴线的西侧沿积水潭北岸、自鼓楼向西北方向有一条斜街，在规整的城市格局中显得很特别。到明代，随着城廓南移，这条斜街自鼓楼起、止于德胜门，全长 1.7km，成为北京内城唯一的斜向大街。街道形成的历史已有 800 多年，从元代建都至今，街道的走向和尺度基本没有太大改变。1965 年，斜街更名为鼓楼西大街，在城市空间结构的演变中始终保持着历史的记忆。

复兴式的街道更新

北京作为首个减量发展的超大城市，老城保护更新的工作在核心区控规颁布实施后，日益受到各方的关注。政府主导的更新实践也在很大程度上改善了老城的风貌。鼓楼西大街的变化就是一个很好的例证。

2017 年，西城区提出鼓楼西大街 3 年复兴计划，由北京市建筑设计研究院负责设计，从空间形态、环境生态、经济业态、文化活态等 4 个层面进行街区总体提升，以建设宜居、绿色、韧性、智慧与人文街区为目标，促进老城复兴。

经过 3 年的整治提升，本着微更新、微修缮的原则，2020 年底这条北京古老的斜街环境古朴静谧，呈现出历史底蕴与现代生活融合的新面貌。而处于鼓楼西大街开端的鼓楼西 33 号院的立面片段也在这三年的更新工作中持续"变脸"。它除了是街道更新的片段缩影，鼓楼西 33 号院也承担着这三年街道更新工程指挥部的职能作用。随着街道更新工作告一段落，这个原本的临时办公场所也迎来了新的机遇与挑战。

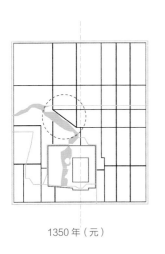
1350 年（元）

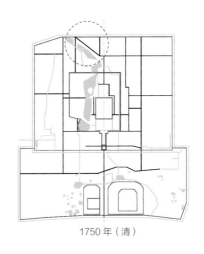
1750 年（清）

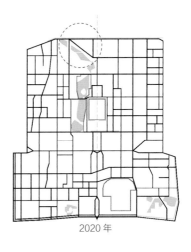
2020 年

鼓楼西大街在不同年代北京城市空间中的位置

鼓楼西大街复兴计划前后对比
三年间小院沿街界面变化

2018 年   2019 年   2020 年

街角花园

鼓楼西大街的东南端起点，与旧鼓楼大街交汇处有一小片街角花园，原来是被铁丝网围起来的转角绿地，现在是开放的口袋公园，它有一个很好听的名字：谯楼更鼓。一棵大槐树、几株桃树和一片高出路面的台地，成为放学的小朋友玩耍的角落，周边的老街坊也常会聚在树荫下聊聊天，鼓楼脚下的老城日常生活总有一番韵味。

小花园西侧以一片新修的院墙作为背景，院墙里就是 33 号院。

街道更新前后的街角

街角花园"谯楼更鼓"是社区生活的重要场所

表　里

小院的界面在这 3 年间几易其容，现在的民国风格立面虽无从考据历史渊源，但灰砖砌筑的外墙倒也显得干净整齐，与周边环境也还协调。第一次来现场。稍不留神就错过了院门，6 扇落地大窗紧邻人行道，但都被厚厚的窗帘遮蔽，院内的空间让路人很好奇。

院墙内是两间平房围合的一个简陋的后勤杂院，在街道环境整治期间作为现场办公的地点。院内平房看不出任何历史线索，斑驳破旧的墙面和沿街簇新的灰砖墙立面形成强烈的反差。街道界面的更新改善了街区环境，但院内的环境显然还是一种临时的状态。鼓楼西大街两侧沿街的一些住户商家也在街区大环境改善的前提下，寻求各自生活和经营空间质量的提升。只有深入到沿街界面背后，院落空间和生活状态的更新才能真正地激发城市活力，真实地触及城市质量的改变。因此甲方在街道环境整治工作完成后，也希望小院内的环境能有改变，以新的姿态融入到社区生活之中。

改造前的小院内部、
会议室及库房

小院干净整洁的沿街立面现状　　　　　　　　改造前平面

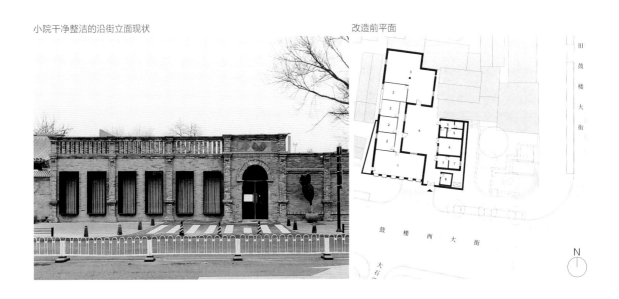

小院的新机遇

小院改造是政府主导的项目，业主希望小院能以新的姿态融入到社区生活之中，这让我们立足社区的设想有了实现的动力。

小院面积不大，两间平房有 $300m^2$，还有百十平米的院子。业主希望把街道更新的工作从表面延伸到内里，把封闭的院子变成一个为社区服务、融入社区的公共场所，结合社区阅览室做一家咖啡厅，改善街角花园的环境，在鼓楼脚下形成一处生动的城市公共生活场景。

小院的更新也有一些现实的限制条件。对外，刚刚改造完成的沿街面显然不能再做改动，要作为依据积极回应；对内，根据规划要求，现有的平房不能拆除或扩建，要保持现状的轮廓和高度。在这些约束下，我想设计应该从围绕使用需求、重新定义院落关系开始，尤其是建立室内外的关系，在此基础上改善空间质量和体验 。

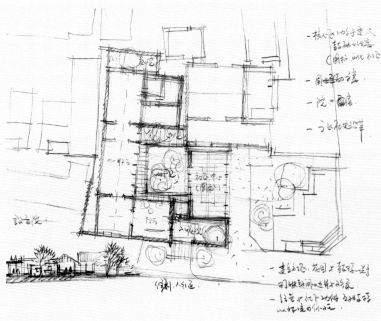

设计草图

基于城市与社区

　　我们首先想到设置一个社区空间，在为周围居民提供一个活动场所的同时，也能把外部的街角花园和内部的院落建立联系，把封闭的院子变成一个为社区服务、融入社区的公共场所，结合社区书屋做一家咖啡厅，改善街角花园的环境，在鼓楼脚下形成一处生动的城市公共生活场景。同时，设计也从老城、街道和邻里所引发的问题逐渐展开。

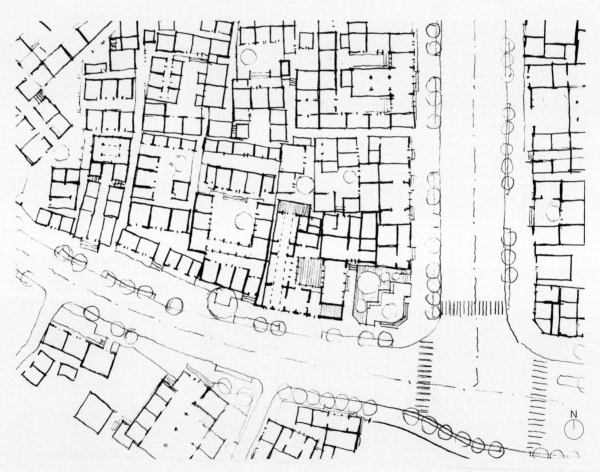

社区中的鼓西 33 号院

分层策略

从使用状态来说，小院原来只是消极的交通空间，组织起所有房间的入口，室内空间与院子没有任何感知上的联系。

在现场测绘的基础上，我们忽略了原有的房间边界，把房间和院子视为一个整体，通过对现场城市关系的分析，把整个场地沿平行于鼓楼西大街的方向切分为三层 ：第一层紧邻鼓楼西大街，既要解决出入口的问题，又要处理与街道的关系；第二层要回应与街角花园的联系，同时也隐含了与鼓楼的对话关系；第三层嵌入到传统片区中，是相对安静的空间，但被周围邻里边界严格限定。

对应这三层空间，我们尝试把原本单一的杂院通过嵌入、移植和抽空三种不同的动作拆解为边院、合院和哑院三种类型的院子，在形式语言和材料上也选择不同的做法，回应具体问题。

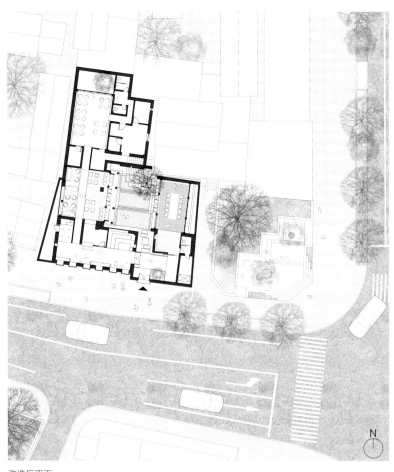

改造后平面

嵌入

移植

抽空

三层空间操作

合院：
老城中的传统片段

从鼓楼上远看小院

传统屋面施工过程

鼓楼周边的传统建筑肌理被一些体量庞大的多层建筑和平房破坏，我们希望通过小院的改造为老城肌理恢复做一些小小的努力。

原本的杂院破败简陋，没有任何与老城相关联的特征性。结合老城平改坡的政策，我们移植了一个传统北京四合院的片段，把东侧平房改为卷棚坡屋顶，用传统木结构梁架铺仰合瓦屋面，立面做法和开间层高也尽量按传统规制，青砖立瓦铺砌合院地面。西侧平房增加了一段檐廊成为室内外空间的过渡，檐廊下的木屋架穿插插入室内，与原有的混凝土梁脱开形成建造关系的穿插。这个合院的片段从远处看是对鼓楼周边传统城市风貌的回应，近处是与周边院落邻里和街角花园的友善对话。虽然只是片段，但传统木结构灰砖青瓦卷棚的做法使得不大的院子中老城生活的味道十足。

剖透视图

移植的传统合院片断
和远处的钟鼓楼

合院内景

叠台与柿子树

在合院的角落里，我们想种一棵树，但由于地下敷设管线问题只能在现有基础上垫土，于是把院落一角利用灰砖砌筑叠台，这样既解决了覆土深度的问题，也借此利用高度的变化把围合的院落空间引向开放的屋顶平台。最终这里种了一棵柿子树，树荫下的砖砌叠台也成为休憩的角落。

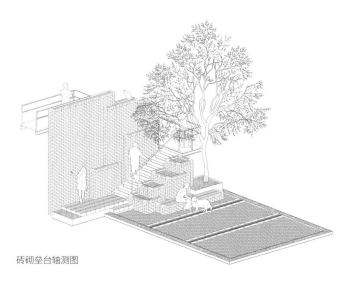

砖砌垒台轴测图

叠台楼梯上俯瞰合院

柿子树和砖砌叠台

平台上的现代生活

房子虽然恢复成了传统片段，但现代生活还是必要的，大家希望有新的视野去感受城市。原有平房的屋顶如能加以利用，在老城里、尤其是在鼓楼旁颇为难得。东侧平房结合平改坡的做法嵌入传统坡屋顶院落片段，而我们把原有西侧平房的一部分平屋顶改为可以上人的屋顶平台。沿着合院北侧叠落的灰砖墙走上平台，人们的视线从院子限定的围合空间中"解放"出来。合院的片段成为协调传统片区的前景，在仰瓦卷棚坡顶上浮现出钟鼓楼和老城轮廓线。在小院里抬头望向天空，在平台上远眺老城中轴线，这水平和垂直的空间体验形成难得的记忆。

感受老城的新视野（上图）
树冠掩映下的屋顶平台（中图）
通往屋顶平台的楼梯（下图）

屋顶平台上远眺鼓楼

院落间的缝隙

在西侧平房增加的一段檐廊成为室内外空间的过渡。檐廊下的木屋架穿插入室内，与原有的混凝土梁脱开形成建造关系的穿插；同时，合院边界嵌入到周边肌理之中，既有贴临的围墙，也有一些与邻近院落之间的缝隙。这些缝隙空间表达了传统片区院落之间某种紧张的状态。事实上，孤立的院子是没有意义的，只有依附于肌理之中才能建立起整体的关系、内外的分别。我们顺着缝隙把原本封闭的墙体打开，在檐口下设高窗，不但有一缕阳光照进来，贴临的屋檐也让人意识到邻里的存在、成为场所特征的提示，同时这些边角空间收纳了电箱、室外机、燃气表等设备 。

与邻近院落之间的缝隙

未来的可能

在小院相邻于街角花园的界面，我们原本希望采用开放的方式，使院落与城市公共空间建立起直接紧密的联系，由于当下街道具体政策的限制，此处院墙目前尚只能保持封闭的现状。但我们仍坚持预留了未来开放的可能性——建筑界面与院墙脱开设置为竹林窄院，书屋面向窄院设落地长窗，在提升房间内部采光的同时也为未来的界面打开做好准备。

书屋与院墙预留的空间

合院里的廊下空间

白色盒子与边院

　　我们在第一层空间临街院墙后嵌入了一个白盒子，把院门对应的区域抽空形成边院，组织起咖啡馆和阅览室的入口空间。嵌入室内的部分让原本单薄的围墙不再是表皮，而成为狭窄但有深度的腔体，窗口更加生动，院内与街面有了交流的可能，也成为咖啡厅的空间特征。

剖透视图

院落组织咖啡厅和书屋入口（上图）
边院植入的白色体量（中图）
白色盒子延伸至室内（下图）

街道的生活延展

在立面维持原貌的前提下，植入的白色体量改变了对立面深度的感知，并被侵蚀消减形成空间，而其表面就成为原有立面的内衬。曾经沿街砖墙上的 6 扇落地大窗一直被厚厚的窗帘遮挡，而今这些窗口改变了立面的表情，重新界定了小院与街道的关系。

改造后每个窗口后都呈现不同的日常

厚墙的利用

两道"厚墙"分割出三重院落，其中设置咖啡制作区、备餐区，以及工具储藏间、卫生间等服务空间，使用空间被清晰地界定出来，空间的层次也更明确。这与传统院落空间的组织方式不同，既是现代建筑空间的基本特征，也是功能性的需求，借此在每一个空间片段的体验上都强化了室内与院落的联系。另一方面，收纳服务空间让使用空间完形，是更有效率的构建空间结构的方法，也赋予未来使用需求以灵活性。

厚墙内的休憩空间

邻里间的"退让"

西侧平房的最深处被周边邻里紧密贴临的边界限定，没有通风采光的条件，只是作为库房使用。如何让黑房间转变为人可以感知的空间？最简单也是最重要的方法就是提供一束光线。原有的平房屋面由预制板搭建，我们抽空尽端的一段屋顶板，倚靠着邻里的院墙形成了一个哑院，房间被映照在一片灰砖墙上的阳光点亮。因为原本这里曾是黑房间，所以改造后依然选择黑色作为空间的基调，希望提示某种曾经的空间状态，暗黑的空间底色也让哑院的光显得尤为可贵。波纹镜面不锈钢吊顶把光线和一片绿意都反射进来，幽暗的空间似乎有了几分禅意。

波纹镜面吊顶反射的光（左图）
空间端部的哑院（右图）

通道空间剖透视图

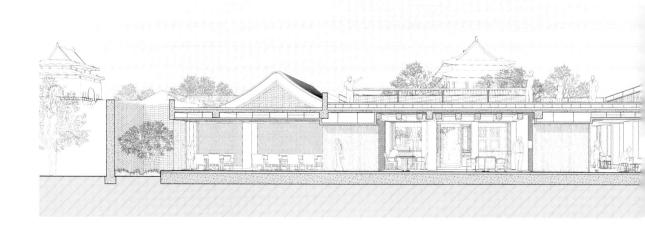

延伸到胡同的通道

平面空间由三层递进的院落形成，从临街的开放逐渐过渡到内里的封闭。在入口白色体量的尽端，有一条与其垂直的通道，穿过南北向三层水平切分的空间，通过厚墙强化了通道的空间感。这条通道一端面对着底景哑院，一面旧砖墙映衬着一株玉兰的绿意；另一端正对着一扇落地大窗，透过这扇窗，街对面就是大石碑胡同口，坐在窗边看着胡同进进出出的游人，视线和心思似乎可以接着这条通道延伸到胡同生活里去。平行于街道的白色咖啡厅和与其垂直的通道，让空间和院落的进深被进一步强化。

从通道看街对面的
大石碑胡同

哑院旁的西餐厅（上图）
暮色中的小院和柿子树（下图）

回归真实的日常

　　小院的空间状态也随着投入运营逐渐发生改变，"纯粹"的空间慢慢变得装饰化、生活化。其实这正是我们设计的初衷，以拼贴的方式、冲突的语言去展现城市发展的矛盾和现实生活的面貌，并试图在这片院子里描绘一点杂乱的烟火气，而不是把空间收拾得干净整齐或刻意打造迎合猎奇的网红气质。

　　设计在形式语言上尝试某种建筑师"消隐"的状态，尊重现场的复杂性和混合性，不断追问日常生活场景的价值，理解具有地方性的场所的情感，而不是沉浸在某种专业语境中追求设计的完型与控制。

思考

作为大院建筑师经常面对的是大型公共建筑设计，一个几百平方米小院的更新改造是完全不同的设计体验，尤其是在北京老城鼓楼脚下。设计基于一个崭新的布景式的立面，但关注点是对空间的利用和体验，同时要充分考虑场所的特征、回应周边社区的关系。小院不大，使用需求也不复杂，如何理解场地的历史氛围、如何看待城市发展中不断变化的因素与沉淀下来的历史基因交织在一起，才是描绘小院未来的关键。这让我们有机会由此开始思考老城发展演变的问题，更深入地理解如何在尊重历史脉络的基础上，结合当代的生活需求，去刻画日常生活的场景。

"老城不能再拆了"的要求提出以后，北京老城的保护更新进入了一个新的阶段，尤其是老城的风貌保护与协调得到高度重视。规划管理部门对于传统语言的使用、材料、做法、形制等方面都做出了更明确的要求和规定。作为建筑师我们能理解这些规划管理的举措所针对的建设乱象，也能感受到其中尊重保护老城的态度，但不能否认的是，当代生活和对现代空间质量的要求，以及新的建造方式和设施设备，都或多或少地与传统形式之间产生了一些矛盾和冲突。我们还是需要主动地去研究如何协调传统风貌与当代生活的关系，在种种限制条件下建立设计的意义与价值。拼贴、符号和演化一直是我们在城市更新工作中思考的命题，小院的工作让我们对此也有了一些新的认识。

拼贴

小院的改造不是那种基于一个清晰的概念、经过理性分析且逻辑完整的设计过程，而是结合一次次现场的体验和发现，伴随建造施工进程逐渐整理、不断解决问题的过程。在这一过程中，很多感受是碎片化的，甚至是有某种偶然性的。这些混杂的、片段化的空间感受，消解了某种整体的或者说刻意的设计意识，在回应环境关系和解决使用需求的前提下，以分解的空间和拼贴的语言，让原本功能单一、空间封闭的杂院转化为适应新的生活形态、开放的公共空间，在此基础上回应城市区域发展、演变、叠合的过程，能够记录更真实的社区日常生活。

传统四合院要依托整体的城市秩序和结构才有意义。同样，这个小院要放在城市关系中思考方能寻找出路。一是在空间和功能上与社区建立联系，在几易其容的临街立面与场所之间找到平衡，不是顺着立面的民国风格去发展内部空间，而是在意识到这种符号的临时性和装饰性以后，以拼贴的方式、冲突的语言去展现城市发展的矛盾和现实生活的面貌，并试图在这片院子里描绘一点杂乱的烟火气，而不是把空间收得干净整齐或刻意打造迎合猎奇的网红气质。院落空间因此分解成一种拼贴的状态、冲突的感觉、叠合的体验，以贴近真实的胡同生活的方式对抗设计的秩序感和精确性。

柯林·罗（Colin Rowe）曾经设问，就凡尔赛宫和阿德良离宫而言，"一个是整体建筑学和整体设计的展示，另一个则努力消除来自任何控制思想的影响；一个是完美和谐的整体展示，一个是互相冲突后残余的碎片的堆积。哪一种对于今天而言可以成为更好的范例？"对于当下的现代城市来说，这不是一个非此即彼的选项，在这两种状态之间的摆动和思考会有助于我们理解城市自主发展和人为规划之间的关系，从而对一个城市演进的历程有更为清醒的认识。

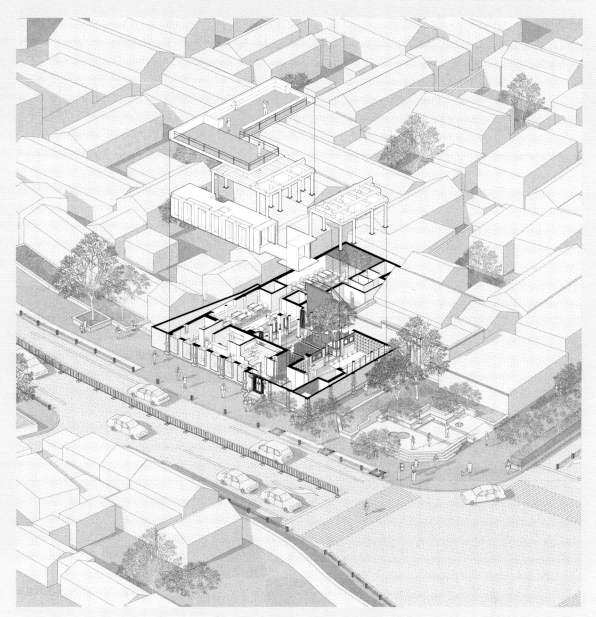

空间轴测图

符号

从街道整治时建造的民国风院墙到这次更新的四合院片段，这些建筑元素都带有典型的符号特征，在老城里很容易辨识和理解，既能与周边环境协调，也能和邻里市民对话。但符号要让人理解，或者说能与人交流，关键是不能脱离场所的背景，否则就会沦为简单化的消费手段或装饰语言，从而丧失其丰富而复杂的传统内涵。我们希望 33 号院改造中对这些符号的应用能够结合现场的历史感，以传统街区院落作为历史基因形成符合场所氛围的状态，作为对鼓楼西大街和钟鼓楼的一种回应。曾经一说起符号，我们就会把它和廉价的装饰联系在一起，但在城市更新的语境下，我们对符号的作用有了新的理解。

文丘里（Robert Venturi）在《向拉斯维加斯学习》中曾引用诗人华莱士·史蒂文斯（Wallace Stevens）的一句话，"不断地重新开始会导致思想的贫乏"。在城市高速增量发展的时代，很多新城区的建设正是处于这样一种贫乏的状态。很多所谓的标志性建筑展现了一种"语不惊人死不休"的创作态度，对所谓原创执着的追求，以及大量明星建筑师精彩纷呈的表演，让人们对建筑的理解出现了错觉和偏差。文丘里在书中把自己设计的基尔特老年公寓与保罗·鲁道夫（Paul Rudolph）设计的克劳福德庄园做对比。他把基尔特老年公寓称为平凡的、传统的甚至丑陋的装饰过的棚屋，而克劳福德庄园则是宏伟的、新颖的现代建筑。曾经我也不理解这样的比较意欲何为，在很长一段时间也被那些宏伟新颖的现代建筑的形式和空间语言吸引，在

小院内景效果图

创新的道路上努力探寻。但随着这些年城市更新工作的开展，大家对城市的认识有了转变，慢慢明白并非所有的设计都要以创新为目标，或者说，原创的宏伟、新颖的建筑并不一定意味着美好的城市生活环境。城市更新基于既有的环境，符号可以理解为一种与环境建立起友善关系的手段，虽然我们也不赞同单一的、风格化的风貌保护，但更积极地看待传统符号的作用，对于老城保护更新还是有意义的。这种讨论和比较不是要否定建筑学专业语义和概念的审美表达，而是反对这种表达中的纯粹性、单一性和排他性。

演化

北京老城蕴含着有生命力的历史结构，在融合当代生活的过程中呈现出复杂混合的状态，真实多元的生活充斥其间。老城的更新保护要以此为前提，最终表现为一个动态演变的城市发展进程，或者说演化的过程。当我们把演化的概念从生物学、地质学和社会学引入到城市中时，就必须理解演化的过程在这些学科中的含义就是不断增加复杂性的过程。城市发展过程中沉淀下来了历史结构和信息，这种复杂性是城市演化的本质。

因此在老城的更新工作中，我们的态度也逐渐清晰起来。在环境关系的处理上充分考虑对环境的回应和尊重；在形式语言上尝试某种建筑师"消隐"的状态，以拼贴的方式在人们熟悉的符号和经验的基础上，去构建环境与场所的体验。尊重现场的复杂性和混合性，不断追问日常生活场景的价值，理解人们对于具有地方性的场所的情感，努力去维护与这些情感有关的记忆，在此基础上解决使用功能的具体问题，而不是沉浸在某种专业语境中追求设计的完型与控制。

北京老城是有着严整的人工规划的空间体系，且随着城市发展不断生长、叠合、覆盖，不同历史时期城市发展的痕迹交织在一起，显现出混合多元、现代与传统交融的关系，这种状态也正是"历史文化与现代生活融为一体"的体现。虽然鼓楼西大街 33 号院并不是典型的传统四合院，只是一个缺乏历史特征的杂院，但它所处的特定位置，以及鼓楼西大街整治更新后内里与外皮的巨大反差，却又让它在今天城市更新的语境下具有某种代表性。这意味着需要通过局部来考察、理解整体，或者说通过这样一个细微的点来描述某种城市现实的发展状态。我们尝试以一个小院的转变来描绘城市的演化，强化最微小的单元与整体结构的关系，只有从院落到街道、从想象到体验，才能真正形成场所的意义和价值。因而虽然是一个小院，我们也需要把它放在城市层面开放地去思考。小院的空间是封闭内向的，但设计要以开放的城市视野去表述，才能形成整体到局部的完整体验。

室内及平台效果图

中间思库暑期学坊是由中国建筑设计研究院举办、面向在校大学生研究生及青年建筑师的公益培训，从 2014 年至 2023 年已举办 9 届，崔愷院士担任学坊主持，徐磊、于海为、吴朝辉、任祖华和我担任导师，聚焦于对北京城市更新领域的关注。

之所以要在应对繁忙的生产任务的同时还要坚持做这样一件事情，我想有这么两点原因。

第一，中国院有一个非常好的企业文化的传承，那就是把实践和研究紧密地结合在一起，让研究成为设计的基础，在研究的过程中不断加强思考的深度，理解设计的本质，从而明确工作的价值和意义。思库十年的教学实践，围绕城市更新发展过程中面对的各种情形和问题所做的研究工作，正是基于这样一种对设计与研究的态度。

第二，我们要想对城市形成更真实的认识、更深入的理解，需要在一个更长的时间维度里，积累来自不同视角的观点和信息，这也就是"库"的含义和作用。这些年我们持续挖掘的选题，积累下来会成为我们看待城市、思考城市的一条线索，围绕每年选题所做的研究，只是一个切片，当把若干年的研究工作联系起来，就能呈现出城市发展变化的脉络，才有机会完成从思考到思想的转变，真正成为思库。

正因如此，我们要努力把中间思库坚持办下去，以研究为手段，让思考成为习惯，不囿于既有的视野，摆脱简单重复的熟练操作状态，力求展现我们对设计的理解和认知。

中间思库·暑期学坊

2014—2022

进化
隆福寺地区的复兴
2014

第一期中间思库选定题目位于北京东城区隆福寺地区，这也是我们当时正在进行城市设计研究的实际项目。与实际项目的具体任务要求不同，思库教学研究的选题和思考方向更具自由度——既有对于隆福大厦和工人文化宫的建筑单体改造研究，也有对于隆福寺街的公共空间导向研究，还有对街区内部小微空间的利用研究等。

本组分课题为"寻常生活——传统街区改造的社会性观察"，从生活在这里的老百姓出发，进行细致的观察调研，四位同学各自选定更具体的设计研究对象，以一个人、几个人、十几个人和整个小区的人的角度，在具体场所中各尽其能，展现对现实生活的美好想象。

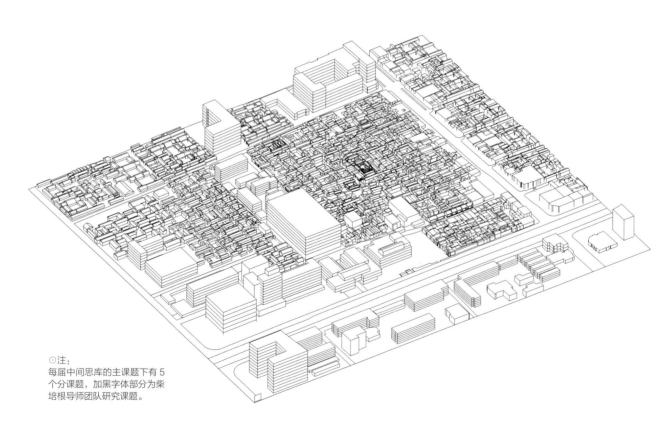

⊙注：
每届中间思库的主课题下有 5
个分课题，加黑字体部分为柴
培根导师团队研究课题。

寻常生活

关于复兴隆福寺街区的研究工作，在本期思库开始前我们已经在崔总的指导下进行了将近两年的时间。以这样一个研究型的设计项目作为本期学坊的选题，有足够的真实性和丰富性，学员可以有更多的线索和视点去展开讨论，借此机会在以往研究过程中有些被忽视的问题也可以得到更深入的研讨。

我们组的课题是"寻常生活——传统街区改造的社会性观察"。所谓"寻常生活"，就是普通老百姓过日子，就是在每天不断重复的琐碎当中让人忽略的部分；"社会性"描述的是人与人之间的关系，在每一处城市的角落或者建筑师精心刻画的场所中，人们如何相遇交流生活；"观察"强调学生们要用自己的双眼去发现问题寻找线索，然后再基于个人的立场态度去回应这些问题，养成观察的习惯。有一双敏锐而挑剔，同时又充满善意和关爱的眼睛，是建筑师走进社会的起点。没有甲方的要求，走进现场看看能用我们的方式做些什么，让人们的生活更有质量、更有尊严。不是建筑师的臆想，而是从对那些真实的人的观察开始，发现线索，作出回应。

选择这样一个题目，是出于工作中的如下思考。

对于今天的建筑师而言，我们生活在一个讲求效率、利益至上的社会中，我们所面对的大多数项目里，都缺失了普通人的生活。在设计过程中，要么会以建筑师的身份去判别形体空间场所的价值与美丑，要么会把人抽象为甲方或使用者等某种概念，这使得如今我们在面对那些簇新的建筑时，感受到一种空洞乏味又有些自大的腔调。那些绘制在图纸上的生硬的房间大厅走廊，需要在填补进真实的生活以后才会被慢慢软化。

房子从最初作为人类遮风挡雨保全自我的庇护所，发展到今天成为被赋予各种含义价值的建筑，不正是基于人们生活的变迁发展吗？今天的建筑师无需时刻为设计那些伟大建筑做好准备，但却要在每天的寻常生活中处理问题。如果转换一个角度的话，我们的工作不是简单地设计一栋建筑，而是要参与到某些人的生活中，为他们营造一个生活的场景。对建筑的想象首先是基于对生活的想象，生活方式的多样性才是决定建筑场所多样性和城市情景丰富性的根本力量。

无论有多么高深的建筑理论，建筑师对建筑有何等的狂想，建筑终归是要为人们的生活服务。我们可以通过建筑表达出自己对美好生活的想象，并借此影响引导人们的日常生活。很多时候建筑师要把抽象简化的功能转译成丰富真实的生活，这正是基于我们深入的观察和理解。在一个时代和社会的背景下，很多事情作为个体的建筑师无从选择，但至少我们可以通过自己的工作为那些普通人的寻常生活提供一个更有质量的场所，让他们对未来的日子有更多的期待。

之所以说寻常生活，是因为所有的光怪陆离、虚张声势，都会在日复一日的生活中褪去表象，露出真迹。建筑师需要有类似的心态和视野，方能辨别真伪，发现真相，在寻常生活中建立起判断的标准，找到立足的依据，获得前行的动力。

本组的四位同学利用几天有限的调研时间，通过自己的观察和简短的访问，在现场寻找线索。他们需要找到一个人或是一类人，作为观察对象，发现他们的行为和需求与生活场景之间的矛盾，然后用建筑师的方法、可行的手段和简易的材料，介入现场，提升环境的质量。

最后他们分别以一个人、几个人、十几个人和整个小区的人的角度，对自己的选题进行了定义。"一个人"是胡同拐角处的辛勤的废品回收员，利用两

废品回收员老张整日在两条狭窄胡同交叉口工作，而人工垃圾回收方式是该场地问题的矛盾激发原点，停在路口的废品车和废品收购严重影响胡同环境和居民生活。观察始于老张日复一日的劳作，结束于对废品回收活动的整体分析，设计的成果不仅是对场地的细微改变，也是对回收过程的优化。

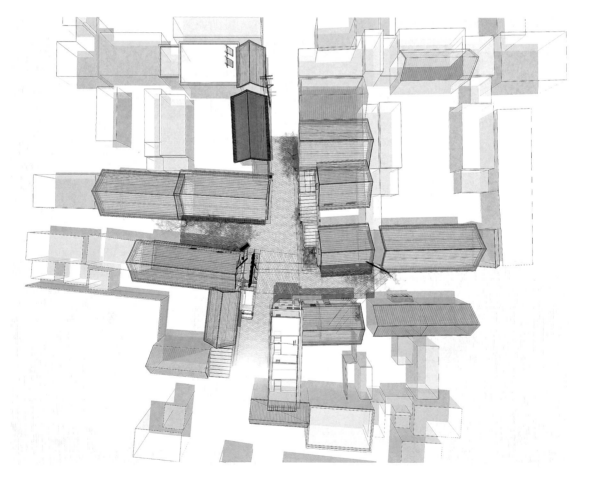

条胡同交口处不大的一片空地，早出晚归收集废品以此谋生，他的工作一方面服务于社区，但同时他占用的场地也让原本狭窄的胡同更显拥挤凌乱。"几个人"是放学后在咖啡馆里写作业的孩子们，没有合适的去处和活动场地，他们只好挤在咖啡馆里，可这样的氛围并不适合孩子，他们的吵闹也打扰了周边的客人。"十几个人"是生活在一个大杂院里的居民，原本是一家人生活的私密的院落空间，已经被不断扩建的棚屋占满，从一家人变成了几家人，他们生活中需要的一些公共场所和设施，已经和从胡同到院落的传统空间格局发生了巨大的矛盾。"整个小区的人"描述的是物业服务和小区居民两类人群之间的关系，隆福寺周边传统四合院基本以大杂院为主，居民的临时性流动性加上简陋的基础设施，和大杂院混乱的搭建，让物业维修工作既不可或缺也困难重重，物业工人和小区居民之间存在着一定的隔阂。

四位同学以自己的方式展现了对现实生活的美好想象，他们围绕普通人的生活，在具体的场所中各尽其能。他们面对的是真实的人群，发现的矛盾和问题是自己切身的感受，虽然受到调研时间的限制和交流的障碍，对选题难免会有些臆想和猜测的成分，但走进现场所引发的思考还是比面对屏幕的空想更有意义。

对于服务钱粮胡同及周边社区的维修班工人，其工作休息空间非常局促，他们的工作与社区居民的生活之间既交叉又隔阂。设计将维修站结合快递服务点，并通过具有标识性的开放屋顶，加强原住民与物业维修工人的社区共建关系。

分享
动批市场的迁移改建
2015

城市客厅——东鼎商场

⊙ **城市交融——世纪天乐**

往来城市——金开利德

城市内街——天河白马

城市混搭——众合商城 + 西苑南路 1 号楼

第二期的中间思库选题聚焦在紧邻中国院的动物园批发市场（以下简称动批）。受到疏解北京非首都功能政策的影响，动批搬迁已经启动，搬迁后的动批建筑群将被注入办公和商业等新的业态资源，这组建筑有机会再次融入城市的邻里生活。我们提出以"城市分享"为本次课题主旨，意在推动曾经的批发市场及周边大院回归到充满活力的城市开放性上来。城市分享是一次进化，将推动这一区域从原有的单一功能转向复合发展的新平衡，它所带来的城市功能转换将刺激周围住区、大学和商业设施的开放升级和主动分享。

本组分课题选择动批中的最高建筑"世纪天乐"作为研究对象，然而却绝非建筑单体改造，而是关注建筑与周边各个方向的城市关系的重构，将自己与邻里分享：面向北京建筑大学球场的社区健身中心、面向北京展览馆广场的环境整治、功能混合的顶层青年公寓、逼仄围墙之间的休憩廊道……

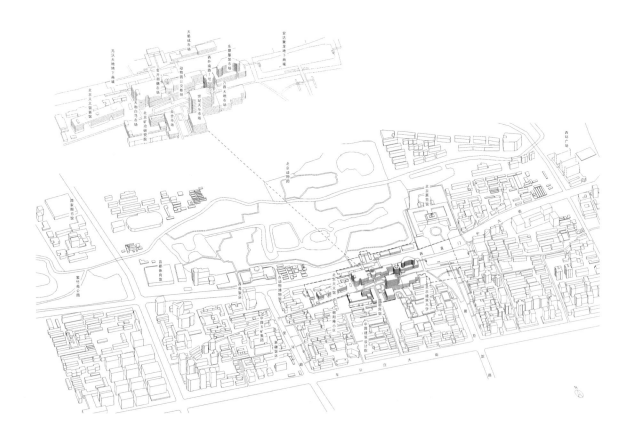

城市的定义

　　我们生活成长工作学习在城市中，如果有人问我什么是城市，真是一个让人一时语塞的问题。不同学科的专家都曾经站在自己的立场给出过有关城市的定义，或者说是对城市在某个视角下的描述与想象，刘易斯·芒福德在《城市是什么》的文章中，开篇就引用了他认为对城市最令人信服的定义，一位伊丽莎白时代伦敦忠实的观察者约翰·斯通的描述"人们涌进城里和联邦是为了开诚布公和有利所图，城市和公共组织及公司的确很快地带来了商品。人们由于密集的交流，告别了原来乡下的荒蛮和暴力，变得更加注重仪表，更为人性和公正。在城市中人们更容易被驯服，因为他们生活在别人的眼光里，更在乎公正，害怕受到伤害。"

　　而接下来芒福德自己也这样说道，"城市是原始的群体和具有特定目的的各类集合的总和。整体而言，城市是一个地理集合体、一种经济组织、一个制度进程、一座社会活动的剧场和集体创造的美学象征。城市培育艺术，其本身也是艺术品。城市创造了剧场，其本身更是剧场。在城市里，人们各种有目的的活动得到关注，通过冲突合作形成事件和群体，或者达到更为重要的程度"。

　　简而言之，城市起源于人们的聚集和定居，因为人的社会属性，使得城市成为人类文明发展进步的必然产物。也许定义并不重要，重要的是去了解城市的过去，客观地看待城市的问题，积极乐观地面对城市的未来。在今天的城市中，人们得到更好的关照保护，人与人之间形成更为复杂紧密的合作。信息的交流、思想的碰撞、财富的积累都在城市中发生，从粗鄙野蛮的聚落到城墙固守的城池，从工业革命催生的产业城市到信息时代卫生便捷的大都市，城市记录着文明的进步。

　　作为个体我们有自己对城市的认知与情感，但我们无法想象千万聚集于城市之中鲜活的个体会以何种方式参与到城市生活中，他们的情感如何表达，他们如何看待这个城市。而事实上正是这千万互不相识又密切相关的人们，在不同的时期以他们特定的社会组织方式，塑造了身边的城市，赋予城市以生命和活力。城市就是千万个体错综交织的生活的有形体现，虽然我们互不相识，但城市让我们感受到彼此的存在。可以想象身处电影描绘的空无一人、死寂沉沉的大都市，立刻就会明白"城市是由居民而不是混凝土构成的"。

很多学者从政治、经济、社会、文化自然等各个方面，阐释了当前城市化进程中的诸多问题，诸如资源分配的不平等、交通问题的恶化、能源的大量消耗、公共治安、自然环境危机、贫穷、公共卫生、地方文化的保护，等等。很多问题也有与之对应的出路与办法，但问题似乎还是无法完全回避，乌托邦永远是乌托邦。今天的城市也就像是一个多维交织的复杂系统，单从某个维度去分析城市问题也许还能判断出对错，可一旦把问题投入这个大系统中的时候，对错就变得不重要了，似乎城市自主的生命机体会天然地做出回应。其实我们讨论的每一个维度背后都有某种力量的呈现，例如当我们说到政治的时候，体制与权力就成为左右城市发展的动因；当我们说到经济的时候，利益和私欲就成为主导因素；当我们说到文化的时候，历史和教化就成为标准，等等。作为建筑师我们不能仅仅尊崇某一个说法，只能尽量更多更全面地从不同的角度去认识城市，从狭隘的专业视野中解放出来，在参与城市发展的过程中适应其复杂多变的局面。了解这些不会让我们变得悲观消极，而是让我们更清晰地看清自己能做什么——在不同的项目中，在各种力量的角逐中，积极地参与并适度地把控项目发展方向，正确地定义自己的职业，适应时代变化的要求。

动物园批发市场从出现，到一点点蚕食更多的周边区域，到最终占领这片场地，大约用了十几年的光景，而这十几年也正是北京一个巨变的时期——城市建设伴随奥运周期和地产浪潮蓬勃兴起，汽车保有量不断突破新高，人口数量持续增长，环境问题日渐恶化，污染拥堵就业等一系列的大城市病凸显。我们经历着这一切，生活于其中，一边享受着城市发展带来的方便与舒适，一边也无奈地抱怨着大城市的种种弊端。而动批市场的搬迁，可以理解为是政府开始转变发展思路，寻求解决城市问题的开端。

这次学坊的选题围绕动批市场搬迁后这一城市区域可能发生的改变展开，政策主导下批发市场这一类功能外迁，留下的城市场所未来发展的方向在哪儿？什么样的城市生活会在这片区域中发生？我们不仅要看到当前城市环境中的问题，更要想象未来居住工作于此的人们会给这样的环境带来哪些改变。而这一点恰恰是从选题一直到设计阶段都让我们非常困惑的事情。最初，我们试图用对生活方式的描述来启发学生，但最终生活方式还是变成了使用方式，使用方式又转化成了熟悉的功能构成，从最终的结果看未来依然那么现实。在生产和效率的长期胁迫下，人们对美好生活方式的想象已然转变为具体的衣食住行的现实问题；也许经济增速放缓、城市开发建设量减少会给忙碌的建筑师一点思考和生活的空间，这或许能帮助我们把日子过得更从容有趣，从而对城市的想象也变得更丰富细致。

对于建筑师而言，城市不仅是生活的场景，同时也是工作的背景。我们设计的一个个项目都会融于城市之中，建筑师对城市所持有的态度会通过设计传递出来。

动物园批发市场建筑之一世纪
天乐B座将在动批搬迁后用作
商业办公，设计以相邻的北京
建筑大学体育场作为起点，将
其定义为开放度更高的社会型
全民健身中心，并将世纪天乐
通过局部加建等措施改造为具
有各种运动健身功能的聚落，
最终打破原有红线、呈现场地
与建筑完全交融的空间状态。
这种尝试在原动批建筑群向城
市分享的同时，也对校园资源
社会化共享进行了探索。

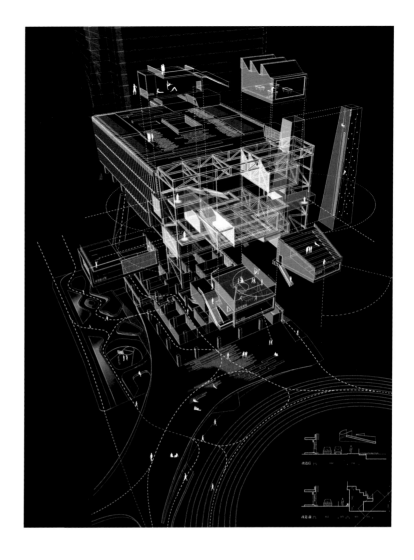

设计对动批建筑之一万容天地
原被临时建筑占满的入口区域
进行整理，建立下沉广场、多
层次步道，并引入了电影院这
一商业类型作为整个入口区域
的重要功能支撑。环境整治、
整理公共空间边界是切实的第
一步，而后是与街道对面建立
步行联系，再然后公共空间质
量提升促使建筑升级。设计一
个机制比设计一个空间更重要。

脉
万寿寺地区的调研与改建

2016

第三期中间思库选取"万寿寺东侧平房区环境整治"作为本期学坊课题研究设计的地块。万寿寺地区位于北京西三环路东侧,南面为长河,设有万寿寺码头。地块中部为创建于明万历五年的万寿寺,在明清两代均为皇家祝寿庆典的重要场所,有"京西小故宫"之誉,1985年成为北京艺术博物馆。

总课题"脉——万寿寺地区棚户区改造",从周边棚户区环境改造入手,选取与整体环境矛盾较为突出的边角地块,以点带面,探索创新城市人性化空间,引入精细化设计、管理的规划方法。

本组分课题为"梦脉——城中村的戏剧化",解题思路以"梦"和"戏剧"这两个关键词展开,确定了以不同角色的人在场地各处做不同的梦为基本模式:其中的人群既可是来自现存环境的主要群体,也可以是设想的未来可介入场地的其他市民;所做之梦则指向过去和未来两个时空,既有梦回过往,也有梦想将来。而"戏剧"则成为一个多重维度的标准,像背景、环境、情节、节奏、冲突、高潮、解决等这些戏剧中的元素,既可衡量设计叙事的张力,也可衡量设计空间的表现力。

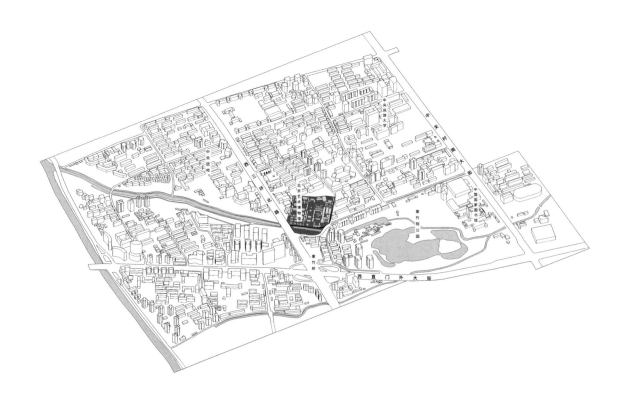

城市戏剧

历史信息对大多数人来说，并不是什么新发现或新知识，而只是一些曾经发生过的事实，其中大部分已经消失在当下人们的记忆中。更为久远的事情则因为其流传的载体和方式，对于普通人而言很难深入地考证和理解。面对历史最基本的问题还是要确立一个自己的历史观，然后才能有处理历史信息的能力。我们总想了解历史的真相，但实际上今天能接触到的历史信息都是被曲解和筛选过的，每个人都在构建自己的历史。这里不存在一个绝对的标准，更多的是主观的解读，所以历史观是绕不开的前提。 说到历史观显然是个大话题，因为这和每个人的价值观世界观密切相连。不仅仅是在面对城市和建筑时做出的判断，即使是处理日常生活中的琐事，也无不取决于每个人的种种观念。是自发的还是被人强加的，是自私的还是包容的，是短视的还是长远的，这又牵扯到哲学的问题。而我们面对历史也确实会有这样一种好奇心，那就是在历史中寻找我们从哪里来的线索，在历史中挖掘我们生活的环境如何变化而来的痕迹，这当然就是个哲学命题。就我个人而言，通过今年的教学实践，深入地了解到有关长河以及万寿寺的历史，让我在情感上和这片区域更加贴近。我们都生活在一个现实的物理环境中，同时也都处在一个文化环境中，谁都不是凭空而来的。历史会帮助我们认知自己生存的文化环境，理解物理环境的形成与变迁，由此对环境产生某种认同感；而这种认同是人们在一起共同生活的前提，人们之间的交流或情感的表达都依附于此，维系于此。作为建筑师当我们在一片场地上开展设计工作，而对这片场地毫无感情，这是不可想象的，建立起与场地的情感是建筑师避免麻木空洞的前提之一。

始建于明万历年间的万寿寺历尽沧桑，逐渐被北京 20 世纪末期的城市化进程吞没，现如今蜷缩在西北三环边上，虽不起眼，但倘若定睛，仍可明辨其走向布局和新城市纵横肌理的格格不入。毫无疑问，要了解这种城市形态冲突（也是一种戏剧性）的成因，对城市地理历史的研读是必不可少的，这也可能会给设计带来一些不期而遇的入手点。

在万寿寺的历史中，最重要的标签无疑是作为皇家祝寿场所而几度兴盛的历程。从万历到乾隆再到慈禧，万寿寺都曾扮演过北京城中独树一帜的角色。长河曾经是清代联通紫禁城和三山五园的皇家专用水道，现如今成为观光旅游团感受京城的另类路线，河边的万寿寺也从皇家驻足之处成为游客停留参观之所。当我们从历史回到现实，一个破败城中村的现实图景无疑让人失落，而毗邻舞蹈学院、总政话剧团、中国剧院等城市戏剧资源也有可能为这个区域的未来发展带来契机。

本组的选题围绕对未来的想象，关键词是"梦"，尤其需要学生们调动自己的感官，形成对场地的认知，深入了解当地的历史由来，在情感上建立起与现场的联系，这个梦才有机会呈现。当大量的历史信息充斥在脑海中时，在梦中构建的画面混淆了对未来的想象，是在当下恢复一段情景化的历史风貌，还是在未来回望今天的选择，站在哪个角度才是对梦最好的诠释呢？这好像就是罗西所说的城市人造物和纪念物的意义，过去的形式存续下来，当它一直可以与当代的生活融为一体的时候，其自身的生命也就得到延续，活力和记忆都从中而生。

当我们放下建筑师的身份，看看那些现场熙攘而过的游客、三环路上堵在车流中的市民、生活在周边的居民，显然为生活奔波忙碌的他们都无暇顾及这里的历史，可能大多数生活在今天的人们也都不会纠结于长河万寿寺曾经的过去。但或许有一天大家停下匆匆的脚步，想要追寻过往生活的来由，探究这座城市的故事，到那时会不会空叹纸面上的辉煌，还能否在身边找到线索，不至于活在虚拟的 VR 世界里。我们做的这个梦其实就是留下这样一份对未来的期许，是做梦也是为梦而做。

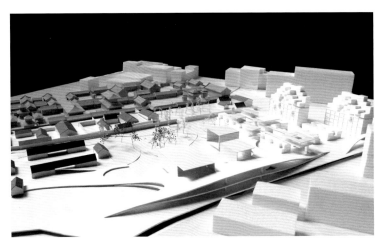

城市即生活的舞台，不同角色在这里戏梦人生，蒙太奇的拼贴最终转化成建筑尺度的对答。重拾长河沿岸历史记忆残片并重新组合，让游客和市民能够梦回长河。同时通过对道路、设施、公共空间进行整理，恢复万寿寺东路的建筑格局；将现今的拜寿、拜师、成人礼等仪式引入，使具有历史意义的传统建筑格局承载新时代的礼仪形式；对区域中的城中村进行改造，建立紧凑有效的胡同式布局；单元化居住体顺应产业化建造的时代需求，为居民提供一系列空中花园和平台；建造舞蹈学生、广场舞大妈、游客、市民等汇聚的"舞蹈梦工场"，容纳不同规模的培训教室和演艺空间，整合城市街道边界，串联周边公共空间。

四组设计集合模型

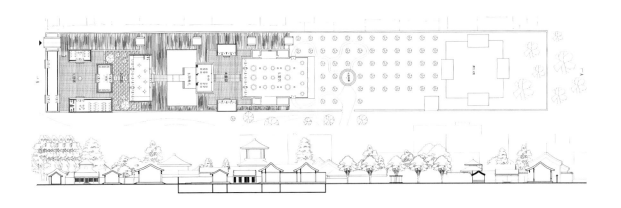

"祝寿"在设计中作为一种梦，被定义为拜师、成人、甚至红白喜事等传统礼制仪式的代表行为，角色主体放大为更宽泛的城市市民。设计将重新修复的万寿寺东路作为礼制空间的载体，轴线和制式响应了仪式的各个步骤，起承转合不同氛围的院落也让仪式的戏剧节奏尽量完整，部分增建则布置了符合现代聚会生活的多功能空间，"重塑传统礼制"与现代城市生活植入并举。

工业建筑的工业化再生
北京焦化厂西区改造

2017

北京市近年来，一直在进行城市功能的整体升级和改善，对石景山、中关村、酒仙桥、东坝、垡头等地区原有的工业区进行产业升级。其中既有政府引导，也有市场的自发行为。对于我们本届思库选择的设计地段——北京焦化厂所在的垡头地区，崔愷院士在课题定位时就提出一个比较大胆的想法，希望由焦化化工向中国制造工业 4.0 的方向转变。通过尝试工业化与建筑修复相结合，以尺度、时空、要素、行为、场所的重构为切入点，对旧工业建筑物进行加固、修复和再生。并尝试利用工业化建设体系，从新一代建筑师开始培养和发展匠人精神。

本组的分课题是"场所重构"，不同于其他分课题所属的地块中鲜明的工业建筑特征，设计的片区是工厂一隅的生活空间，其场所特征在于呈现了焦化厂工人生产、工作之外的集体生活，包括浴室、宿舍、食堂、办公等多种功能状态，而这些功能场景统统被容纳于 3.3m 结构模数之下的几栋砖混建筑。题目期待达成的目标是通过工业化技术手段，展现多种时空维度的冲突与共生，表达场所重构的动态过程。

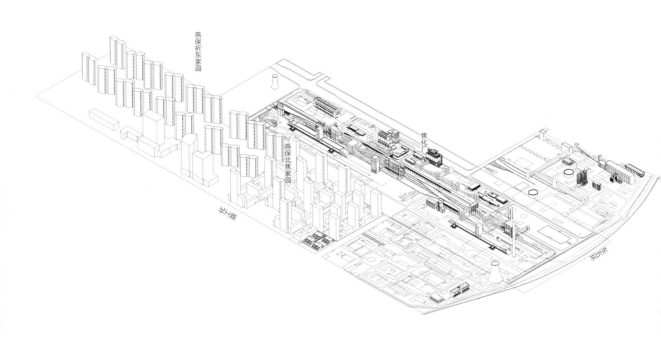

记忆与未来

与前三期以北京内城更新为主的研究方向不同，今年中间思库·暑期学坊的课题锁定在城市边缘——位于东南五环的北京焦化厂的再生上。

北京焦化厂的发展伴随着城市规划建设方针的调整而不断变化。中华人民共和国成立后，北京的建设目标是变消费城市为生产城市。在这种背景下，焦化厂于1958年建厂，并在接下来的数十年间为国民经济的恢复与发展贡献了力量。然而，随着社会经济发展和产业结构调整，环境问题日益严重，北京在1982年的总体规划中去掉了工业基地的定位。而随着改革开放之后市场经济的发展，北京逐渐开始为打造文化中心和宜居城市而努力，大批传统工业厂区面临关闭转型的要求。2008年奥运会之前，北京焦化厂也完成了它作为工厂的历史使命，正式关闭，等待这片土地的，是在保留有价值工业遗迹基础之上获得重生的命运。

分析本期中间思库的主题"工业建筑的工业化再生"，需要我们理解两个相似又完全不同的概念——工业建筑和工业化。"工业建筑"是场地中最具特色的历史遗存，不断提示着我国工业化过程的那段历史岁月。"工业化"则在新的时代（即信息时代）拥有了更多不同于焦化厂生命周期中所经历的含义。

建筑学也因工业化进程革命性地从古典走向现代。无论是20世纪初狂热于机场、车站那充满机械感的意大利未来主义，还是主张手工艺与大规模机械化生产结合的包豪斯，抑或是二战后对技术极端乐观并描绘出"巨构"的新陈代谢派和建筑电讯派等，无不在工业化的历史进程中不断开拓着建筑学的边界。同时，在20世纪快速城市化的背景之下，工业化的技术手段也作为建筑产业的一个体系存在并不断发展，城市建筑的建造环节在不同程度都体现出了工业化的介入。而在当下国内的城市建设中，像能源节约、快速精确的装配式建筑，也已经成为建设政策引导的方向之一。

题目期待达成的目标是通过工业化技术手段，展现多种时空维度的冲突与共生，表达场所重构的动态过程，具体来说有以下几点。

重塑建筑与场地的关系。孙晨星主要负责场地的整理设计，景观系统以自由的形态植入场地，重塑建筑之外的开放空间结构和公共节点，并在更大范围内建立与周边环境的关系，包括其他地块和规划公园等。同时，自由景观与规整建筑之间的形式冲突也在下一个尺度呈现：树木草地蔓延到原有建筑底围护体系内，隐喻自然和时间的吞噬力量，也塑造出工厂特有的氛围。

延续场所原有功能的线索，并将其转变为适合当下生活方式的消费空间。四位同学分别将生活区的食堂、办公、宿舍、浴室转化为对应的餐厅、书店、酒店、戏水空间。其中"水"这个元素主题在功能维度提供了更多思考与设计的余地。从集体生活时代员工定时定量的传统淋浴用水，到个体主义时代人们多样化、趣味化的娱乐戏水，人与水的关系折射了人们日常生活方式的变化。同时，人与水的关系也直接对应着空间的营造，唐凯在设计中通过植入片墙、水池、光筒、连廊等异化元素，完成了对老建筑单元式空间的重塑。

保留原有生活方式的场所意象及记忆，与当下时代生活方式的场所并置，展现出空间氛围的差异与冲突。曹家铭选择改造的建筑叠合了不同时期建设的痕迹，在将主体结构暴露出来之后，展示了工人倒班宿舍曾经的生活场景，并通过镜面吊顶，以超现实的方式夸张了表现力。而在一个具有现实使用功能的

面对已废弃的原厂区办公楼，设计将其砖混部分保留作为回忆展示空间，框架结构局部打掉后植入与原结构体系脱离的空间，组成体验书店。绿植渗透到空间的缝隙，既营造废墟感又富有生机。新的结构体支撑起屋顶花园，花园底板的镜面金属让新旧空间在视觉上相互渗透，花园可作为书店的公共活动场所，也为同组组员的设计"一个人的旅馆"提供场所。

书店中，自然蔓延到建筑之中，渲染出废墟感，带来具有工业场所特征的新体验。

通过直观的工业化的建造手段新建一个场所，表达对未来乌托邦式新生活体验的想象。在杨艳艳的设计中，源于砖混建筑模数的标准单元构件拼装成一个虚化的空间网架，底层部分形成可供儿童休闲娱乐的公共空间。构件不同的组合方式形成不同尺度的活动场所，提供了多种活动可能性，层叠的平台让人如同在云中漫步。如果这种方式在英国建筑史学家班纳姆（Reyner Banham，1922-1988）看来，可算是第一机械时代的典型表达，那么，置于建筑顶部的"一个人的酒店"可以被看作是第三机械时代的居住原型：智能化、可移动、私人订制、场景切换。居住空间在首层内隐于原3.3m开间的宿舍中，而后上升至私享的屋顶花园，最终到达顶部体验"云上的日子"。

场地为原工人倒班宿舍，3.3m开间住4个工人、一条走廊串起一排房间的平面布局代表着大工业时代的集体住宿记忆。设计只保留一间3.3m×6m的宿舍，对其进行重构，转变为可垂直移动、专属于一个人的体验式酒店；同时利用建筑之间的场地搭建可游艺的构筑物，连接周边建筑单体，利用原低矮的屋顶提供活动和观景平台。

街区再造
王府井地区公共空间城市设计
2018

第五期的思库选题位于王府井地区。这条北京最著名的商业街区浓缩了京城百年沧桑变化，承载着老北京人厚重的精神寄托。转型中的王府井正经历着时代巨变，如何在历史中找到新的发展方向，抓住时代的机遇，是本次思库选题的初衷。课题以商业属性为原点，分别与旅游、儿童、艺术、宗教、健康五个方面链接，从而探讨王府井地区未来空间可能。

本组分课题为"商业街 + 艺术"。我们梳理了艺术、艺术品、艺术家等概念的定义和历史发展，认识到艺术与商业这一对曾经对立并互相消解的城市生活形态是如何在后现代语境中逐步走向更多元共生关系的。年轻的同学展现了自己鲜明的性格，我们也逐渐试图以一种更开放、更艺术的方式来进行引导和互动。

一副药引

本届思库教学进展的同时，电影《邪不压正》也在一片热评中上映，且不评价故事情节，单就影片展现的老北京风貌氛围而言，颇让作为建筑师的我们兴致盎然。在对活动的总结中，我们也以电影为起点，以一种自由的书写方式，回望思库的过程，回望人物与历史，回望城市与艺术。

1

1936 年冬，李天然回到北平城，路过南池子时他问洋爹"皇城怎么也没了？"。皇城的城墙早在 9 年前就被北洋政府拆得差不多了，只留下南垣。

有人会问北京有二环路，那一环路在哪里呢。如果说以城墙为参照物，外城城墙是二环的话，一环就可以理解为皇城城墙了。1415 年便建成的皇城城墙并非一个单纯的几何闭环，它和紫禁城的若干红墙一起形成一个网络，树立起封建王朝政治核心区域的不同等级需求的地理边界。

东皇城边界由 6m 高的城墙和玉河共同构成。清王朝的每个早上，大臣们在金鱼胡同静候上朝，他们跨越皇恩桥，进入东安门，开始忙碌的工作。1900 年，国运衰落之后，翻城墙成为八国联军的入侵捷径，直到辛亥共和初建，城墙随着皇权共同倾覆。

皇城的边界并不像二环那样是很多普通北京人的记忆，东皇城根沿线现在仅是个区域级的市民公园，公园东侧一条单行线上停满了私家车，曾经的森严与隆重换来的尽是喧嚣与拥挤。

朱博同学希望有更多的人了解这些历史、认识这个重要的城市痕迹。沿着城墙这条线，设置入多样的场所和可能来吸引原住民及游客，时尚的或是传统的、艺术的或商业的、阳春白雪或是下里巴人的，像是卷轴的画面一样沿着城墙遗迹拼贴展开。伴随着实践、回忆与想象，这种画面往往交织出了更加丰满的文化内涵，即一种不可定义又不能忘却的矛盾。它牵绊着所有妄图对场地加以实践的改造企图，也提供了对场地进行想象的设计源泉。

2

李天然和关巧红翻越屋顶，在东四牌楼上见面，如同法国夺得世界杯后市民会爬上凯旋门，这是个非日常化的超现实主义设定。

牌楼作为传统中国城市道路交点，是重要的公共空间节点和辨识尺度的标志物。皇城墙外 800m 的东四牌楼地区，自元大都时期的旧枢密院角市，到清代诸市之冠的隆福寺庙会，都是城市繁华之所在。

1954 年，为方便车辆通行，北京城内的大部分牌楼都被彻底拆除了。只留下地名东四、西四。而像东单、西单这样的名字，也提示着这里原本伫立着单个的牌楼。

小汽车越来越深刻地改变着每一个古老的都市，我们辨识路口更多通过红绿灯或立交桥，而在本次的题目中一条路是步行街，另一条是车行路，这个非典型十字扩大了思考维度。

在与皇城东安门相对、王府井大街与金鱼胡同这一所谓"金十字"的交点上，南北两侧街道氛围上呈现明显差异，北边街道绿树成荫，南边商业街游人如织，桑瑜同学在几年前来到这里时颇为困惑，王府井大街看上去不像是一条完整街道。而此次研究的题目的设定中也提到了南段步行街要向北段延伸，于是她重新审视了路口在城市中的潜力和作用，以凯旋门为代表的标志物，或传统牌楼所围合的空间，都成为具有原型意义的历史参照。

桑瑜对于街道氛围的设想就像她的名字一样，一棵是桑树，一棵是榆树；一半是海水，一半是火焰；一边依旧绿树成荫，一边仍然游人如织。而立在十字上的那面镜子，是一个艺术的装置、一座变异的牌楼、一台时空的转换器、一道路人的选择题。

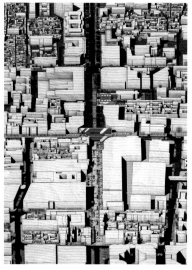

设计对王府井大街南北段不同的街道生活特征——商业和艺术——有一个戏剧性的呈现。强化其差异，通过更改路板路权，提升南段商业活力，北段建设线型城市公园，在南北段交界处通过装置强调对立。装置南北两面是镜子，阻隔南北向行人视线；东西向以轻介入方式，用构架界定空间不影响车辆通行。四个方向的人流会在迅速通过时产生微妙的心理变化，十字路口本身也是一种隐喻，希望人们在各种对立的选择面前重新审视自己和所处的世界，做出选择。

3

1937 年仲夏，国难当头，《侠隐》的故事刚刚结束，在西边护国寺的小羊圈胡同里也开始上演普通人城市生活的悲欢离合。《四世同堂》的创作用了四年多，抗战结束后在美国短暂的讲学过程中，老舍完成了最后一章。

1949 年冬老舍回到北京，住到丰盛胡同 10 号，距离皇城东安门墙遗迹不足百米，这里现在成为老舍纪念馆。人们习惯把 20 世纪我国的几位文坛巨匠简称为"鲁郭茅巴老曹"，其中的老曹两位也擅长剧作，比老舍小 11 岁的曹禺更是创办了北京人艺。

1953 年，刚成立的人艺要建一座自己的剧场，选址在老舍家不远的王府井北大街一片凋敝的院落。人艺的另一位创始人欧阳山尊找到了自己的表妹夫林乐义做设计，林乐义那时从美国留学回来不久，在建工部设计院担任总建筑师。三年之后，这座名为首都剧场的建筑建成，成为中国新建筑的代表作之一。

1973 年，10 岁的姜文来北京定居，住在内务部街 11 号，和首都剧场直线距离 1.3 km。他同学英达的爸爸是当时人艺台柱子的英若诚，借此之便，姜文经常来首都剧场蹭戏看，《茶馆》的台词倒背如流，而英若诚后来也给了姜文表演方面的点拨。

以《茶馆》为代表，六十余年里，人艺这个中国最负盛名的专业话剧院一直以现实主义的创作为特征，《龙须沟》《北京人》《小井胡同》等都通过描述市井日常生活来映射大的时代变迁。这些剧目中，城市即舞台，生活即艺术，人人皆艺术家。

设计以对艺术的思考以及对城市生活的理解为出发点，通过对周边街区五行八作的观察，以剧本的形式将设计者想象中的生活场所创造出来。这些场所相互关联，形成了一连串竖向叠加、开放自由的舞台，并与广场、公园相接壤，共同描绘了一个乌托邦，每个身在其中的人都上演着自己的剧目。它将生活引入戏剧，作为人艺的背景混乱而充满活力地伫立着，成为城市中别样的风景。

4

1963 年，也就是姜文出生那年，郭沫若创作的《武则天》在首都剧场已经演出了 100 场，首都剧场北边不到 500m 远，中国美术馆终于建成开放，比预计晚了几年，未能进入"建国十周年十大建筑"，但仍然成为新中国建筑经典中的经典。

建筑师戴念慈，比他的同事林乐义小四岁，同样也是建工部设计院的总建筑师。他在介绍中国美术馆的设计文章最后提到了一点城市问题："美术馆和东南角上的华侨大厦、东边新建的大楼相互之间的协调问题。这三个成掎角之势的建筑物的不同体型，从目前看来，确有不够协调之处，现在有关部门正在研究解决。"

戴总提到的城市问题其实和首都剧场的选址一样：在城市规划和城市设计缺失的年代里，一栋重要的公共建筑在选址之初缺少对城市结构的考量，见缝插针画地为牢，找个地方就建了。

掎角之势的建筑关系在多年的城市建设中被逐步打破，民航总局被改造，又在西侧建了栋民航信息大厦；华侨大厦被拆除重建，对面建成了嘉德艺术中心，唯有美术馆东侧的一片空地一直没有盖房子，这片公共场地绿树成荫，在中国美术馆建成十余年后孕育出一个重要艺术事件。

1979 年，新中国成立 30 周年国庆前夕，因官方拒绝提供展厅而受挫的星星画派，在美术馆东侧小花园的栏杆上挂起了他们的绘画和雕塑。他们当中没有谁是注册艺术家，领袖人物黄锐在一家皮革厂工作，王克平是电视台撰稿人，马德升设计印刷电路，而钟阿城更偏爱写作，这场轰动京城的临时展览也诠释了何谓人人都是艺术家。

1983 年，英若诚刚去文化部当副部长，一场短暂的"清除精神污染"运动令几位星星画会成员的小型联展被封，此后"星星们"大多远离故土，散落重洋，包括去了纽约的艾未未。艾未未在纽约的公寓在 1980 年代成为文化艺术圈的聚集地，在这里，他和姜文一干人等合作了《北京人在纽约》。

2017 年底，艾未未送了纽约一个礼物，这个作品名叫《好篱笆促成好街坊》（Good Fences Make Good Neighbors），三百多个金属围栏和笼子散落在纽约街头。杨一鸣同学的作业也借取了这个名字，在美术馆周边，这个篱笆是如此实在，既是 39 年前星星画展的展架，又是现在作为城市空间类型的不友好边界。打破篱笆与再现篱笆成为基本的操作策略，一种巧妙的转译也是一种艺术化的批判和抵抗。在设计中，承载城市记忆场所的东侧小花园、与这栋建筑尺度匹配的开放广场，以及艺术品空间的南向发散，都顺理成章地呈现出来。

5

2018 年仲夏，姜文将《侠隐》改编成的电影《邪不压正》公映，褒贬不一，但还原的老北京场景让人惊奇；艾未未在北京五环外的左右工作室被拆，城市再次和他进行着艺术互动；而在西城区车公庄大街 19 号院 2 号楼门厅，铜像中的戴念慈和林乐义两位前辈，正注视着图板里孩子们的那些想象。

文：周凯

界·道
关于界定公众行为空间的基本研究
2019

⊙筑界顺道——五道口 + 知春路城铁站

划界为道——北京西站

穿界引道——积水潭公交站

破界让道——北京建筑大学

无界友道——百万庄社区

第六期中间思库的选题关注的是城市中的"栏杆内外"。

"小小的栏杆，却能在城市空间中产生非常敏感的界限，把人和人生硬地隔开。而之所以在首都这样重要的城市会出现这么多让人感觉不方便、不安全的栏杆，也说明要解决这个问题很不容易，在很多方面都需要跨过栏杆，实现设计者、使用者、管理者跨越界限的研究和处理，同时要在建筑、城市空间、景观乃至交通等学科之间跨界合作，此外还有很多更深刻的社会性的问题需要思考。栏杆内外，可以说隐含着严肃的城市议题。"

——崔愷

本组分课题从微观的城市观察开始，选取 13 号线五道口站和知春路站两个典型站点作为对象。以"筑界顺道"为基本策略，重新筑建边界、理顺道路，以更新公共空间秩序，提升环境质量，并大胆描绘了未来北京的城市景象。

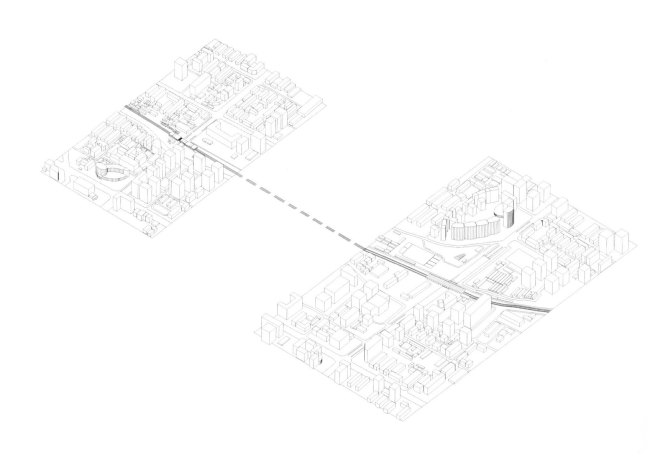

人本城市

看得见的栏杆

2019 年中间思库的选题从栏杆入手，引导人们观察身边的城市，发现问题寻找出路，与此同时也引发了更多有关城市的思考和讨论。日新月异的城市建设和发展，经常给人某种现代化的错觉，但当我们行走在城市中间，被层层栏杆阻断去路时，心中也会有一丝疑惑，到底什么是真正的现代，什么是我们期望的美好。

近三十年来中国经历了快速的城市化进程，城镇化率的增长不仅意味着大规模的城市基础设施的建设和住宅的开发，短时间大量涌入城市的人群也带来了很多城市问题。正如路易斯·沃斯在《作为一种生活方式的都市主义》一文中所说，"城市中千百万个体间缺乏感情纽带却要聚集在一起工作、生活，形成了竞争扩张和互相利用的习气。为了防止不负责任的行为，消除潜在的混乱，在城市中控制手段越来越制度化，如果不迫使人们按照规则行事，城市作为一个庞大复杂的社会系统将无法正常运行。时钟和交通信号灯都是都市世界社会秩序的基本象征"。

从这个角度理解，栏杆和信号灯一样都是控制手段，引导生活在城市的中的人们形成必要的行为规范。今天的中国大城市尽管经历了快速的建设周期，也面对过各种大型国际活动的考验，但不得不承认整体的城市文明程度依然处于一种不甚成熟的状态。对诸多公共行为的管理和约束还是需要借助栏杆这样的强制性手段，唯此才能让社会的公共秩序得到维护和保障。

栏杆在我们的日常生活中随处可见，有划分人行道和机动车道的栏杆，有界定社区边界的栏杆，有维护秩序规范人流的栏杆，也有安全防护的栏杆，栏杆作为城市管理的一种手段，便捷有效实用。不论形式上是否美观，从本质上说栏杆是有强制性的，它出现在特定的地点，对人们的行为形成限制。既然是强制性的管理手段，就会有不友善的问题，尤其是在管理水平不高情况下。这种强制性在没有对话的状态下，让城市表露出冷漠的一面。当人们离开建立在成熟的伦理关系上、以熟人社会为基础的乡村生活，走进现代城市的时候，无疑首先会感到人与人之间的冷漠，而随处可见的栏杆和边界又让人感受到来自城市的冷漠上。

这种冷漠有时也会体现在建筑师的图纸上，很多情况下红线就是一条冰冷的边界。当设计工作更多是围绕建筑本体展开时，图纸上的红线就会变成现实中冷漠的边界。讨论栏杆就是要提醒我们主动去处理建筑与环境、建筑与城市的关系，关注红线的空间状态，去构建更友善的环境，而不只是更漂亮的房子。要让人在环境中感受到这份善意，感受到自己是被关照的，而不只是被限制和管控的。这也是我们希望通过这次有关栏杆的课题，能够传递给同学们的态度。

看不见的栏杆

栏杆界定了边界，这是一种现实的功能，但在我们深入去讨论栏杆的问题时，会意识到在这现实的功能背后，其实还有一道看不见的栏杆，界定的是城市中人与人的关系。这里讨论的人与人的关系不是熟人社会的人际关系，而是你在城市中与千百万看似与你毫不相关的陌生人之间的关系。也许我们会有这样的疑问，既然是陌生人，那又与我何干呢？事实上在今天的城市生活中，那些在早晚高峰和我们一样被堵在路上的人们，那些在闹市里和我们擦肩而过的人们，那些和我们一起在体育场中呐喊的人们，不都是这些素不相识的陌生人吗？正是这些陌生人让城市繁忙而充满活力，让我们有了对城市的感知。如何理解现代社会中这样一种人与人的关系，也就是如何理解我们面对的城市公共生活。

当下我们面对一项设计任务时，早已不只是停留在对形象的想象上，尤其是在处理建筑与城市的关系上，对公共空间和场所的刻画已经成为关注的重点。这些场景在脑海中浮现的都是些温暖美好的画面，不仅空间丰富、尺度得当，而且在想象的画面里人们以礼相待、充满活力、秩序井然，但现实的状态往往不尽人意。当建筑师试图描绘或营造公共场所时，要组织的是陌生人的集体生活，没有公共生活的支撑，公共场所的活力也就无从谈起。当人与人之间缺少共处的经验与规则时，公共场所的质量也很难维护。因此在当代城市有关公共环境的讨论中，很多学者也把对人与人之间关系的观察和描述作为研究城市公共生活的角度。尤其是把城市看作是人类聚居的场所，意味着我们认同城市是一种人类集体生活的模式。作为一种特殊的、又是普遍的人类集合的模式，城市中人与人的关系应该如何建构，这是未来在城市中工作的建筑师不得不去思考和面对的问题。

界与道

今年在讨论选题的过程中，从对栏杆研究开始，提出了界和道两个字，作为对课题主旨的抽象描述，与此同时界和道似乎也隐含了两条线索，帮助我们去理解当下中国大城市中人与人之间关系的问题。一条线索就是界，公私之界；一条线索就是道，传统之道。

在快速的城市化进程中，城市的面貌日新月异，但一个现代文明的城市显然不仅是由漂亮的房子和优美的环境组成的，更需要的是文明的市民。如何才算文明？正确地区分公共领域和私人领域是首要的问题，其次是在公共和私人不同的场所有与之相适应的行为，进一步建立起一套规则或准则去约束个人的公共行为。

社会学家理查德·桑内特在《公共人的衰落》中，提出了公共人和自然人的概念，通过区分公共和私人来表达文化和自然的对立，公共等同于文化，私人等同于自然。自然人是动物，单纯依赖家庭的庇护将会产生一种自然的缺陷，那就是不文明，而公共领域修正了这种自然的缺陷。如果说文明的缺点是不公平，那么自然的缺点就是它的野蛮。在私人领域中人们可以自由地感知和表达，而在公共领域中则需要被约束，服从规则。这是一种互相平衡，互相补充的关系。某种程度而言，城市文明的进程也就是所谓野蛮的自然人在进入陌生人构成的社会中被教化，并且通过观察和学习以适应这一现状，不断走向文明的过程。

区分公共和私人的边界，是我们约束和规范公共行为的前提，在公共场所很多行为之所以令人反感，就是因为那些行为本该发生在私人场所，在公共场所无所顾忌的私人行为当然会让陌生人感到被冒犯。如今我们在城市生活中不仅像恩格斯说的学会了靠右侧走路，还要学会排队，乘车先下后上，不在室内抽烟，不在公共场所吃东西，不大声打电话，不随地吐痰……当然我们还在学习如何分类扔垃圾。城市不断地教会我们如何与看不见的千万人相处，如何区分公私的边界，在公共场所规范自己的言行，考虑他人的感受，让我们一点点文明起来。

当然现代城市中讨论的公共领域和私人领域，本质上是西方的概念。现代城市发端于西方工业革命，大规模的工业生产让人和资本趋于聚集，城市规模逐渐扩大，设施日趋完善，城市在资本的驱动下发展。在资本主义的世界里对公和私的认识从资本到空间，从关系到制度，顺其自然地建立起来。而中国的城市还处在从传统的乡土社会走向现代化的进程中，传统与现代的矛盾也反映在中国人的公私观念中，建立公私之界还需在实践中去探索。

三十多年前，梁漱溟先生在接受访谈时也曾谈到人与人的关系问题，并由此提到了中国文化的复型，表达了他对这一问题乐观的态度："也就是说自然科学、工业还是要进步的，不过人对物的问题不是头一个问题了，它退居到第二个问题。第一个问题是人与人怎样彼此相安、共处，这个是未来的，未来的事情要这个样子，这个样子就是到了'中国文化'，这个就是中国文化。中国文化原来是起于家庭，老话嘛就是孝悌，或者说是父慈子孝，或者说四个字，四个字是什么呢？它就是'孝悌慈和'。'孝、悌、慈'，还有一个字叫'和'，'和'就是和平、和好、很和气，'孝悌慈和'这四个字。我这么看，我这么推想，到了社会主义，恐怕就要大家都来讲究孝悌慈和，讲敬老啦、抚幼啦、兄弟和好啦，把人与人之间的关系搞好，这是未来社会主义里头的问题。自然，人对自然的问题还是有，可是退居第二位了这个我就谓之'中国文化复兴'。"[1]

社会发展到一定的阶段，物质生活极大丰富，人与物的关系退居其次，人与人的关系就成为首先要讨论的问题。中国几千年沉淀下来的伦理观念虽然看起来在形式上被打破，但在人心理层面的影响却难轻易褪去。传统伦理原本就是基于熟人的乡土社会，人与人之间的感情是建立公共生活的基础，这也是直到今天中国依然是一个人情社会的原因。倘使真如梁先生所言，未来中国人能用源于家庭的情感，所谓"老吾老以及人之老，幼吾幼以及人之幼"，去与陌生人相处，这份温情也许会改变城市公共生活的温度，让我们在现代城市的发展中走出一条传统之道。

五道口和知春路

　　由于城市结构导致的职住分离，让大量人群每天通过城铁 13 号线在回龙观、天通苑和城区之间往返，高峰时人流形成的城市奇观让很多人印象深刻。目前，城市规划和轨道交通建设正在通过拆分 13 号线，增加北部站点密度，努力改善这种局面。而本次中间思库的分课题研究，则从微观的城市观察开始，选取 13 号线中段两个典型站点作为对象。

　　被清华大学等十几所知名高校环绕的五道口被人们戏称为"宇宙中心"，是因为这儿是一个多元文化交融的中心，依托高校的高新科技产业在此云集，大量外国留学生也聚居于此。大学生、外国留学生为主体的消费人群使五道口成为北京西北部极具活力的新兴商业区，餐厅、酒吧、咖啡厅、电影院、服装市场以及路边的大排档，多样的公共场所吸引着越来越多的人聚集于此。然而，在这"宇宙中心"的中心，矗立的是一个形态陈旧的地铁站厅。

　　五道口地铁站为高架站，站台南北向横跨于交通繁忙的成府路之上，由于京张铁路和地铁线路的割裂，四个象限的人群只能先到达成府路，沿着地面狭窄的人行道东西两个方向进站乘车。人流高峰时段，大量排队人群拥堵在站前，相邻的十字路口人车互不相让、混乱拥堵。地铁 13 号线西段基本是平行于京张铁路修建的，"五道口"是京张铁路的第五个平交道口，2016 年底北京北至清河段轨道拆除，腾退出的场地计划打造成遗址公园。这些城市改造给五道口片区的交通和环境改善和提升带来了机会。我们希望本次思库教学能够借这个契机，思考使用人群的实际需求，重新梳理建立空间使用秩序，筑立边界，理顺道路，顺应道理，构建符合"大海淀"气质、"宇宙中心"标准的公共空间。

　　知春路是一条横在北三环与北四环之间的次干道，当时为避让既有的京张铁路，知春路被设计为下穿型，形成了长达 500m 的甬道，与京张铁路一同切断了交叉口四个方向的地面层交通。地铁 13 号线的轨道桥和站体横亘在道路上方，进一步加剧了地块的割裂。地铁 10 号线在知春路设地下站，在站内付费区可以过街，但非地铁乘客过街需求并未满足。2016 年京张高铁入地，但地上遗址公园的规划目前还停留在概念阶段，知春路段处在废弃状态。不同时期建设的道路和轨道交叉叠合成不同标高的立体网格，城市空间被割裂，忽视了人行的安全和便利，舒适更无从谈起。

　　知春路周边以互联网公司为主，这里几乎见证了中国互联网发展的历史，电脑互联网时代的新浪和移动互联网时代的美团、小米、抖音等众多独角兽公司均在知春路起家。知春路站是 13 号线和 10 号线两条大流量线路的换乘站，早晚高峰瞬时人流量极大，地铁乘客中互联网从业人员占多数，其多居住于 13 号线沿线的西二旗、回龙观等大型居住区，无论在知春路或中关村工作，均需乘坐 13 号线至知春路站出站或换乘 10 号线，出行时间集中，呈现出持续人流量少、瞬时人流量大、路径和目的地相对集中的潮汐特点。

　　我们提出以网状系统织补知春路站周边城市区域的策略。在重要节点之间构建新的交通联系，织补区域慢行交通系统，增强轨道站体周围交通的整体性和可达性。网状系统在站体附近交汇处放大成为13号线站厅，衔接周边复杂高差，提升了可达性和便捷性；慢行系统的分支处和并行处放大为公共服务节点。

参考文献

[1] 梁漱溟，艾恺. 这个世界会好吗? 梁漱溟晚年口述 [M]. 北京：生活·读书·新知三联书店，2015.

为缓解五道口地铁站大量人流汇集于狭小地面站厅的问题，设计植入多个触角从更大的区域和方向来收集前往地铁站的人流，并在站台层上部汇合形成一个放大的公共平台，人们快捷方便地从公共平台直接进入站台乘车。具有标志性完整形象的椭球形体漂浮在纵贯南北的铁路遗址绿廊上，让"宇宙中心"有了一个某种意义上的实体中心，这里同时也作为城市公共空间、一个绿意盎然的大花园向大众开放，依附平台曲折的漫步道及其上的节点空间也是附近居民、学生的散步路径和休憩活动场地。

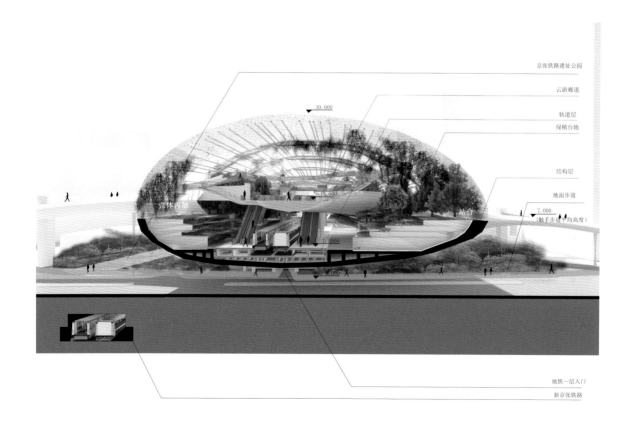

历史的穿越
平安里地区城市设计研究

2021

⊙ 上下之间——历史的穿越

快慢之间——平安大街上的相对论

高低之间——以高低论发展

新旧之间——老城更新的辩证思维

内外之间——历史街区边界空间的再梳理

第七期思库课题选址于北京老城核心区的平安里，主题为历史的穿越。这里说的"穿越"首先是物理层面的：一是地面的平安大街穿城而过，它的形成从一个角度记录了北京城发展变迁的历史，有很强的历史穿越感；二是地下的地铁线网穿越老城，对老城风貌带来挑战，也为城市发展带来新的机遇。在今天的时代背景下，"历史的穿越"还有一层含义：城市更新在当下已成为中国城市发展的主线，从快速发展、大拆大建到尊重既有环境的更新，这背后体现了一种历史态度的转变，这种转变让我们在回望过往、审视当下时有某种时空穿越的感叹，这要求建筑师在面对城市问题时，既要有宏观的历史视野，又要着眼于当下具体的措施，并面向未来。

本组分课题为"上下之间"。随着现代生活的改变，尤其是地铁网络的形成，在水平的老城之下展现出另一幅忙碌的生活场景。因此，城市有了"上下"之分，在这里上下不是静止分离的状态或抽象的概念，在上下之间，我们感受到城市发展的脉搏。但怎样处理好上下之间的联系和转换，如何利用好上下之间为高密度的老城提供发展余地、解决更多的问题，依然值得思考。

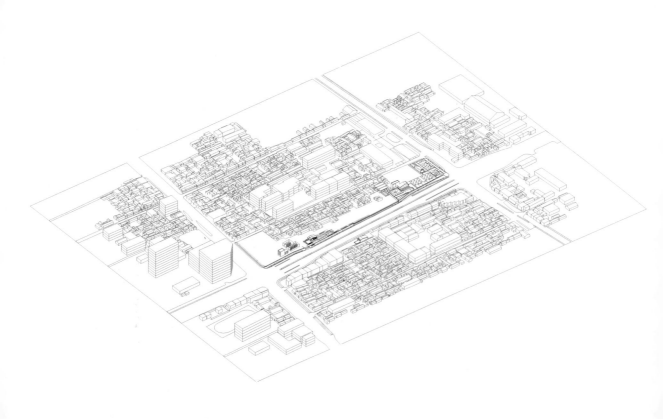

上下之间

北京老城是一个水平展开的城市，传统生活大多都被压缩在 4m 高的屋檐下，"平"是老城的重要特征，也是未来风貌保护的重点。在水平的老城里，就日常生活而言其实无所谓上下，但随着现代城市生活方式和内容的改变，尤其是地铁网络的形成，现代城市的速度和效率在水平的老城之下展现出另一幅忙碌的生活场景，城市有了上下之分。

当我们试图深入地探讨如何利用地下空间解决老城发展中的策略问题时，地下空间的规划、相关规范的制约、容量和产权、地下空间的防洪防涝、地铁运行后地下空间开发对运营安全的影响等诸多现实问题都浮现出来，在中间思库短短的三周时间里我们无法落实具体的应对措施、找到合理的政策路径，当然这也反映出老城在当下城市更新的发展阶段，从各个角度去思考如何有效利用地下空间这一问题的迫切性。

本组分课题为"上下之间"，上下不仅是空间方位的定义，也是对社会机制的描述。在城市更新的过程中既需要自上而下的统筹和规划指引，也需要自下而上的动力和社区的推动。政府倡导共享共治共建，就是在引导建立起积极的上下关系。平安里现场北侧保留的传统街区未来要建立起和地铁站点周边区域的和谐关系，就是探讨这种上下机制的好机会。此外，"上下之间"设计研究的重点工作还在于结合未来站点开发，使地下空间形成积极的公共空间，共同提升地上地下的环境质量，塑造立体复合的空间场所。

结合平安里四线地铁的换乘站厅建立城市公共空间地上与地下的联系、同时协调与周边社区的关系成为本组学员讨论的焦点。我们首先设定了一条时间线，三组同学分别在 2022 年、2032 年（预想）和 2042 年（预想）的时间点上去寻找现场问题和发展状态与条件，其目的是提醒同学在参与城市更新的工作中"时间"是一个非常重要的维度，一是要理解城市更新是一个持续的过程，没有一个确定的终点；二是要明白我们当下所做的工作对于未来而言，未必是最佳的结果，要有一种给未来留一点余地和空白的意识，让未来有更多的可能性。

2022

平安大街西段在一年前完成了街道更新，旨在纠正过宽的路板对于老城尺度的切割破坏。这次改造不仅在缩窄路板的基础上增设了路中绿化带，还结合 4 号线出站口为周边居民提供了小型篮球场等活动场地。但是这片场地在使用中一度演绎成资源抢夺战，乃至多次反馈到 12345 市民热线，这也彰显出老城内可供原住民使用的公共空间的极度匮乏问题。

陆春华同学以此出发，将研究对象聚焦于暂时腾空的地铁建设场地——曾为 6 号线、19 号线的施工场地，未来还将支持 3 号线建设。以公园化的方式将其改造为供更多居民能在此休闲活动的公共空间。这种策略不仅解决了活动场地稀缺的问题，也为未来的城市建设留有足够余地。

在这片场地北侧的胡同平房区，高密度让这里有着一切北京老城居民生活的各种环境顽疾，这些顽疾长久存在并难以改变。随着近期一系列北京城市更新政策出台，特别是"申请式退租"这种降密方式的提出，这种情况有望得以改观。童宇佳同学试图通过整理院落私搭乱建，通过功能置换的方式以改善居住条件。装配式建造的功能置换策略尽管并不新鲜，但对于这块场地而言，集中在南侧置入的轻质功能单元，更多地起到修复地铁建设形成的残缺边界的作用，也形成了从居住到服务再到公园之间的公共性的弹性过渡。而对于上下之间这个题目而言，我们也再次探讨如何激活老城更新机制中"自下而上"的力量。

2032

地铁 3 号线，早在 1957 年便被纳入北京轨道交通线网规划，跨越半个多世纪，这条线路终于在 2032 年全线贯通，而平安里也成为北京老城唯一 一个四线换乘站。

10 年前那片预留绿野的命运得以改变，随着 3 号线的建设驱动，它从社区公园转化为城市微中心。叶梓同学利用多线换乘形成的非付费区可建设区域，构建了一个地上地下多元场景融合的公共场所，这也是对上下之间这个题目在空间层面的直接演绎。

顺应曾经的景观痕迹构建的环形庭院成为这个区域核心空间，而原有公园保留下来的部分绿化则成为与居民区之间的有效边界，逐步降低密度之后，居民不再争夺活动空地，因为地铁微中心也提供了更多元的公共资源。

在面向平安大街一侧，这个微中心并没有过度开放，而是通过一个连续界面进行围合，以批判性立场回溯了平安大街以墙为边界形成的历史线索：它成于皇城北墙，仍有北海北墙矗立路边，虽然平安里没有历史上的墙，但长达十余年地铁建设留下的围挡边界，也成为某种历史印记。同时这也可以看作是对 1999 年平安大街建设对老城切开伤口的某种提示。尽管如此，这个边界同样是有弹性的，在未来随着平安大街的演变，它也将有变化的可能。

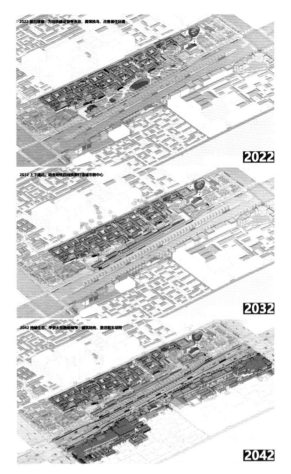

城市更新工作中，"时间"维度是不可忽视的重要因素。我们设定了一条时间线，三组同学分别在 2022 年、2032 年和 2042 年的时间点上去寻找各自的现场问题、发展状态与条件。

2042

2042 年，中国已经实现碳达峰十余年，生态建设的理念已经深入人心，老城内的燃油小汽车所剩无几，平安大街的机动车道被进一步缩减，"健步悦骑"成为大街上的主要风景线。

孙舒宜同学将研究范围拓展到平安大街南侧，这里沿街的二层仿古建筑是1999 年留下的风貌，建筑持续消极的状态也是当时引发广泛讨论的一个问题。而在现在，借由路板的调整，沿街面获得调整空间。与平安大街北侧策略一致，仿古建筑前的新增墙体成为调节沿街尺度的重要元素，一方面收纳了地铁出入口和街道家具，一方面与二层仿古建筑之间形成院落空间，同时引导建筑主要使用立面转向南侧前车胡同，有效带动背街小巷空间品质的提升。

1422

让我们把时间的指针拨回到 600 年前，完成最后一次历史的穿越。一年前的永乐迁都再次赋予北京中华帝都的身份，但迁都之后的事情历经波折，紫禁城建成百日后便遭雷击起火损毁，群臣在明成祖面前哭喊着要回南京，朱棣并不为所动，随后仁宗也未能启动还都计划，以明北京为骨架的这座城市终成"都市计划的无比杰作"。

在明皇城以北，什刹海凭借作为大运河终端码头的优势，聚集形成了稠密的居住生活区，云集了权贵的高宅大院和百姓的素雅民居，皇墙北侧也形成一条大街，为现在的平安大街的雏形。漕运地理位置同样让京师北侧聚集大量仓库用地，皇墙北大街西端正对一处，名为太平仓，太平仓到了清代改为庄王府，民国后军阀李纯将王府拆除，改名"平安里"。

文：周凯　夏露

2032 年，平安里成为老城区域内唯一四线换乘站。设计利用多线换乘形成的非付费区可建设区域，构建了一个地上地下多元场景融合的公共场所，并置入商业激活"上下之间"的连接，成为一个"城市微中心"。面对北侧胡同，原有公园保留下来的部分绿化成为与居民区之间的有效边界；面向平安大街一侧并没有过度开放，而是通过连续界面进行围合，以批判性立场回溯了平安大街以墙为边界形成的历史线索。

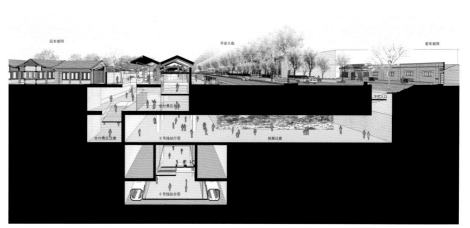

住哪儿
老城居住模式的畅想
2022

⊙**新杂院**

胶囊公社

乐龄居

青旅社

工租房

第八期思库课题为"住哪儿？"紧紧围绕老城里的居住问题。我们在西单至积水潭这一线性空间区域内选择了五片带有不同场所特征和居住形态的区域，并在其中以具体的居住环境与单元为线索，探讨研究针对现实问题的老城居住多样的可能性。同时我们也设定了老城里有代表性的五种不同身份特征的人群——在西单和金融街工作的白领、工作居住在老城里的体制内老年人、短期来北京暂居的游客、为城市服务的快递外卖小哥和年轻的中央机关公务员，切实地从普通人的视角去体察问题。本期课题希望能从这些具体的居民角度出发，研究描绘他们心中理想的居住形态。

本组分课题为"新杂院"，使用者聚焦于年轻的中央机关公务员。他们来自全国各地，在"职住平衡"的前提下，希望就近解决居住需求。在传统平房区，这些年轻人的生活会与当地老居民逐渐交织在一起，形成新的社会关系和生活形态。我们希望，年轻人的到来，能逐渐丰富传统平房居住区的生活面貌。

重生与共生

中华人民共和国成立之初，随着国家政务机关入驻北京老城中心，年轻公务员通过分配及人民公社化运动在四合院居住下来。随着家庭人口的增加，原有房屋越发不够用，居民进而自行盖起小房，改变了原有的院落格局。后期随着原住民工作的变动、房屋的出租，四合院逐步演变为空间形态、人口构成等多维度上的大杂院。

如今随着"十四五"时期的城市更新规划，北京新总规定位老城更新优先服务于保障中央政务功能。为保障中央政务功能的高效运行，同时在一定程度上解决职住平衡问题，一些四合院作为年轻公务员服务的倒班公寓再一次迎来年轻公务员的入住。

老城平房片区内的院落具有纷繁复杂的背景：由于漫长的人口与居住格局演化，平房院落内多为多户居住的杂院，居住密度很大；大部分院落的物理空间发生了很大的变化，均存在着不同程度的私搭乱建问题；房屋的产权关系分布错综复杂，公产、私产、单位产交错分布，导致腾退及后续利用工作具有政策层面和操作层面的复杂性。因此平房院的更新需要"一院一策"，以适应多重问题。

课题要求从人口、政策、空间、建造等多个层面着眼，在"双控四降"的背景下，通过对老城院落更新方法的讨论，探索出新的解决路径。在空间设计中，注重提炼老城院落的空间类型，探索新方法解决问题；另外需关注空间对应于社会关系的转变，解决大杂院的相互干扰，为居住建立更好的共生关系。

我们从西四平房片区更新工作中选取两组典型院落进行讨论——一组院落（后称AB院）整体腾退搬迁完成，且房屋质量差，作为整体重建的典型院落展开设计；另一组院落（后称CD院）腾退了部分居民，仍保留部分原住居民，作为共生院进行设计。

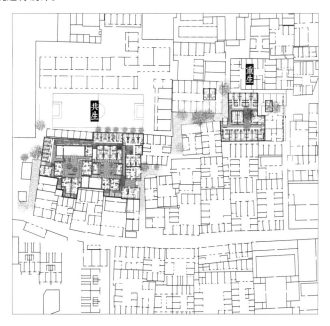

新杂院·重生

　　AB 院落有几个特殊的基础条件：两院为南北紧邻的两个独立院；院落原始条件为两个面宽大、进深小的扁长形院；房屋格局为排子房，且为砖混结构，房屋质量为四类房屋（需拆除翻建）；周边院落腾退情况为东侧两个私产院，北侧院落中紧邻的两间公产房均没有腾退。根据腾退改造经验，新建筑若对周边居民产生较大影响，征询邻里居民意见并得到同意是沟通工作中最难的一步，周边居民可能因为房屋变高对其阳光产生了遮挡而反对新房屋的建设，因此是否能征得邻里同意是新建的重要前提；最后一个关键条件为，根据改造原则，翻建需保证面积不变，AB 院因其排子房格局，原始建筑面积很大，建筑密度很高，方案如何维持如此高的密度是需要着重考虑的因素。

　　经过对以上条件的综合分析，我们首先把院落原始房屋整体拆除，把两个院落合并；其次为避免改动太大产生的影响周边居民现有居住环境，我们维持与临院房屋的格局关系不变，避免对其产生影响；再次，以正交网格为基础、建立三排房屋的基本格局，以实现高密度的需求；最后通过在三排房的基础格局上进一步设置入口小院、套内天井、采光高窗、采光天窗，优化采光和通风，实现现代居住生活对空间环境品质的要求。

　　相对于楼房的宿舍，四合院的最大优势就是院落天然形成的公共空间。即便每套户型面积较小，但因为有了院落的存在，大家迈出房门就可以进行公共交往，大大拓展了活动空间。因此，我们把院落中间拿掉一间房间作为中心庭院，并以此为核心设计一条通往屋顶路径，通过景观的设计，年轻人可以在庭院坐下交谈，也可以登高远望，欣赏老北京朴素雅致的屋顶美景。

"重生院"进行了整体重建的尝试。设计将原始两个院落合并，维持与临院房屋的格局不变，建立三排房屋的基本格局；在实现高密度需求的同时留出中心庭院，人们可以在庭院交谈，也可以登高远望；设置入口小院、套内天井、采光高窗与天窗，优化采光通风，满足现代居住对空间环境品质的要求。

新杂院·共生

CD 院落的现状条件更为复杂：两院为东西紧邻的两个独立院，且每个院均可以看出具有一跨半的传统四合院格局；正房、部分厢房、部分倒座房为私房，未参与此次腾退；跨院的厢房及后罩房经过前序修缮，现状为缺乏制式的排子房。周边关系方面，院落坐落于片区主要胡同附近，具有一定的公共性；北侧为学校，与院落相互间影响较小。

因此，对于共生的 CD 院，我们主要的策略为下手轻，细微之处见改变：首先拆除违建及不合传统院落规制的房间，恢复它们的传统院落格局；其次在改件中保护传统风貌，大部分房屋以原址原建的修缮为主，新置入的建筑体量在符合传统风貌的基础上局部采用新构件与材料；再次打通东西两个半跨院的连接，以给两组年轻公务员宿舍院落间建立联系；最后，通过把与主要胡同临近的两间房间对胡同开放，置入共享服务功能，为居住在院内的年轻人及胡同居民提供便利的生活服务设施。

往昔大杂院之所以生活间的相互影响大于邻里间的友好共享，一是由于私搭乱建，私人侵占公共空间，对公共利益产生损坏，二是公与私的边界仅一扇窗墙之隔，相互窥视，互相影响。因此，共生院的核心是如何建立这层公与私的关系：我们采用镂空花砖墙、金属檐廊、房间入户门内退的方式，建立起由屋内到院子的缓冲带，降低院子的公对房间的私的影响；其次，通过安置树池、设计地面铺装，进一步限定院子内公共活动与景观的区域，引导人们的公共活动范围，从而减少对私的影响；最后，对居住单元妥善安置"厨、卫、浴、光、晾、排"的功能，因所有的功能皆被妥善安置，减少人们对公共院落的侵占，使得这层公私边界更易得到居民的维护。

"共生院"主要策略是下手轻，恢复院落格局，完善居住功能，其核心为建立起友好共享的公私关系——形成屋内到院子间的缓冲带、限定院内的公共活动区域、妥善安置必需的生活功能以避免其对公共院落的侵占等。

附　录

壹
神华大厦改造
项目地点 | 北京市东城区安德路
建筑面积 | 53133 m²
设计时间 | 2006 年
竣工时间 | 2010 年
设计主持 | 崔愷、柴培根
设计团队 | 童英姿、杨凌、张东、李楠（建筑）；陈文渊、独莉、周方伟（结构）；宋孝春、张亚丽（暖通）赵昕（给排水）张青、何静（电气）
摄影 | 张广源、周凯

贰
中国院创新楼
项目地点 | 北京市西城区车公庄大街
建筑面积 | 41438 m²
设计时间 | 2011-2012 年
竣工时间 | 2018 年
设计总指导 | 修龙、崔愷
设计主持 | 柴培根、周凯
设计团队 | 田海鸥、李颖、任玥（建筑）；霍文营、孙海林（结构）潘云刚、何海亮（暖通）；赵昕、李建业（给排水）；陈琪、王旭（电气）；任亚武（智能化）；高治、吴耀懿（总图）；韩文文、顾大海（室内）；刘环、王婷（景观）
摄影 | 张广源、周凯、柴培根

叁
隆福寺街区复兴及隆福大厦改造
项目地点 | 北京市东城区隆福寺街
建筑面积 | 58300 m²
设计时间 | 2012-2018 年
竣工时间 | 2017-2019 年
设计总指导 | 崔愷
城市设计团队 | 徐磊、柴培根、白晶、周凯、史鑫辰、李涵、戴天行、张硕、金星、刘磊、李赫
隆福大厦改造
设计主持 | 柴培根、周凯
设计团队 | 任重、李赫、杨文斌（建筑）；

任庆英、张雄迪、王磊（结构）；宋玫、雷博（暖通）；王松、范改娜（给排水）；贾京花、刘畅、陈游（电气）；任亚武、殷博（智能化）邓雪映、李倬、张全全（室内）
合作团队 | 北京建工建筑设计研究院（屋顶古建）；万橡建筑设计咨询有限公司（景观设计）
一商园区（隆福寺北里）改造
设计主持 | 柴培根、周凯
设计团队 | 白菲、夏骥、杨文斌、夏露（建筑）；张雄迪、王磊（结构）；王佳（暖通）；王松、范改娜（给排水）；刘畅（电气）；刘晓琳（总图）；殷博（智能化）；关午军、常琳（景观）
摄影 | 张广源、柴培根

肆
富豪宾馆改造
项目地点 | 北京市东城区王府井大街
建筑面积 | 25866 m²
设计时间 | 2017-2018 年
竣工时间 | 2021 年
设计主持 | 柴培根、周凯
设计团队 | 任重、李赫、李天骄（建筑）；张雄迪、刘帅（结构）；宋玫、雷博（暖通）宋大伟、刘云强（电气）；王松（给排水）邓雪映、李钢（室内）；顾玉琴、王雪（景观）
摄影 | 周凯

伍
平安大街（西城段）环境整治
项目地点 | 北京市西城区
街道长度 | 3.5km
设计时间 | 2021-2022 年
竣工时间 | 2022 年
总负责人 | 柴培根、童英姿
街道更新设计 | 李楠、程显峰、夏露、王益茵、崔博昊、邵嘉琦、孔丹、陈伟、叶佳昶
界面设计及立面更新导则 | 程显峰、王益茵、崔博昊、邵嘉琦
城市空间结构研究 | 周凯、夏露、崔博昊、张宏宇、赵毅
市政协同设计及研究 | 李楠、夏露

交通顾问及设计 | 洪于亮、赵光华、杜倩雨、张兴雅、孟令扬、郝世洋、顾文津、李奕璟、王建彤
景观设计 | 北京图石空间创意设计有限公司、中城规划景观生态研究所、北京创新景观园林设计公司
摄影 | 崔博昊、柴培根、陈伟

陆
地铁 19 号线平安里站
项目地点 | 北京市西城区平安里西大街
建筑面积 | 3000 m²
设计时间 | 2015-2022 年
竣工时间 | 2023 年地下部分完工
总负责人 | 柴培根、童英姿
设计团队 | 夏露、孔丹、赵毅、李天骄、王益茵、杨鸿毓、崔博昊（建筑）；周岩、刘浩男（结构）；李嘉、翟参（暖通空调）；安岩（给排水）、刘艳雪（电气）；刘晓琳（总图）；顾玉琴、孟春涛（景观）
摄影 | 李季

柒
鼓楼西大街 33 号院改造
项目地点 | 北京市西城区鼓楼西大街
建筑面积 | 312 m²
设计时间 | 2021 年
竣工时间 | 2022 年
设计主持 | 柴培根
设计团队 | 张宏宇（建筑）；韩文文、何正宇、丁哲、张朝悦（景观）；西春阳（电气）；王璐璇（暖通）；杨浩（给排水）；顾玉琴（景观顾问）
摄影 | 张广源、李季

中间思库·暑期学坊

2014 年
进化｜隆福寺地区的复兴
教学组：柴培根、周凯、孙博怡、戴天行
学　员：赵毅、潘卡林、吴越、仇沛然

2015 年
分享｜动批市场的迁移改建
教学组：柴培根、周凯、任玥
学　员：毛影竹、杜翔、张禹、王建桥

2016 年
脉｜万寿寺地区的调研与改建
教学组：柴培根、周凯、任玥、白菲、李赫
学　员：安帅、冯玺嘉、林小莉、王秋实

2017 年
工业建筑的工业化再生｜
北京焦化厂西区改造
教学组：柴培根、周凯、白菲、李赫、夏骥
学　员：孙晨星、曹家铭、唐凯、杨艳艳

2018 年
街区再造｜王府井地区公共空间城市设计
教学组：柴培根、周凯、白菲、李赫、李天骄
学　员：朱博、杨一鸣、桑瑜、佟欣馨

2019 年
界·道｜关于界定公众行为空间的基本研究
教学组：柴培根、童英姿、周凯、夏露、曹晓宇
学　员：杨宏业、焦玮、尹韦豪

2021 年
历史的穿越｜平安里地区城市设计研究
教学组：柴培根、周凯、夏露、张宏宇、赵毅
学　员：叶梓、童羽佳、陆春华、孙舒宜

2022 年
住哪儿｜老城居住模式的畅想
教学组：柴培根、周凯、任玥、张宏宇、崔博昊
学　员：时冬玮、邓拓、杨天心、何娜、赵英龙

后　记

在这个充满变化的时代，忙碌的建筑师们对于手头的项目，过去的作品，生活的城市，未来的前景，或多或少都会有些困惑和疑问，也少不了一些讨论和思考。书写应该是非常重要、但也很困难的一种方式，能帮助我们梳理出一些问题的来龙去脉，记录设计逻辑发展完善的过程，澄清一些价值判断的基本立场。这些文字如果以一本书的标准看，可能算不上写作，但对我来说，也确实是设计工作重要的组成部分。这本书的编辑过程，就是对于之前书写的文字和参与的项目的总结，在这个过程中，借助文字和图片重拾起过往的记忆，在今天的城市环境和使用状态下，重新审视项目，看看当年做对了什么，做错了什么，未来还能做些什么。

中国城市从增量发展进入到存量更新，大家对于城市的认识在叠加了历史和现实、规模和机制、政府和百姓的诸多因素后，变得复杂多元。试图从总体宏观的角度去描述一些问题，预判未来的发展趋势，对于建筑师来说似乎变成了一种认识论层面的妄想。我们的大多数更新工作都是起始于城市的现实问题和具体问题，如何分辨问题，如何面对问题，如何处理问题，并且在解决问题的同时，能让我们身边的环境变得更友善，营造更多有温度的场所。这些表述看似很简单，也许有些感性，但真正处理好这些身边的问题其实并不容易，而且我也确实没有找到其他的理由，能让我坦然地参与到城市更新的工作中。

这些年接触了不少北京老城里的更新工作，从规模、类型和性质上都与之前的设计项目有很大不同，有一点很特别的感受，就是过去做设计好像都是为甲方和具体的使用者服务，而现在更像是为了改善自己的生活环境去想办法，找出路。这也让我们有机会更深入地观察自己身边的环境，以往在日常生活中那些视而不见的问题也慢慢浮现出来，透过对这些问题的研究，我们也和身边的环境建立起更亲密的关系。尽管我在北京生活了快 30 年，尽管作为建筑师也一直在关注并参与北京城的发展和建设，在北京完成了不少项目。但这些年的更新实践，还是让我有机会以更加开阔的视野和不同的方式，接触到老城保护更新更为广泛的层面，同时深入到具体问题之中。这让我感受到一个完全不一样的北京，也促使我从一些抽象的概念走进生动的生活中去。

这样的变化既是项目的机缘，但我想更重要的是受到崔愷院士的感染和激励。从我进入设计院，崔总就像师傅带徒弟一样，引领着我们这些年轻人走进职业的大门，也身体力行地教会我们谋生之道和处事之理，在这二十多年里，总能在讨论项目和家常聊天时，感受到他身上朴素务实的人情味，也愈发理解一位建筑师的成长和他的生活环境之间紧密的联系。特别是和崔总讨论在老城里的更新项目，他都会谈及过去的情形和以往的经历，言语之间流露出对老城的深厚情感，也总能从日常生活的经验和常识中找出破题的关键所在，启发我从不同的角度去思考，让我意识到老城更新的意义和责任。这些年崔总也在不断地督促我们以研究式的思维去做设计，多观察、多交流、多总结，从写文章开始，到一步步集结成册，完成书稿，始终都有崔总的叮咛在耳边。没有这些我无法想象如何完成本书的编写，在此要特别感谢崔愷院士多年来的指引教导和鼓励支持！

当然我要感谢工作室的伙伴和中国院的同事，还有对每个项目投入关注的业主和付出辛苦劳作的建设者。书中涉及的项目和研究工作都是大家共同努力的成果，翻阅书稿时我总会想起大家一起忙碌的日子和场景，那些共同的经历和故事也是我珍视的记忆！

感谢我的导师邹德侬老师，没有与您的师生之缘，就没有今天书中所有的故事！感谢广源大哥，从我入院以来对我的关照和鼓励，不断督促我前行！感谢刘爱华为本书的编辑付出的时间和努力，以及在表达内容和方式上给出的宝贵意见！感谢中国建筑工业出版社徐晓飞老师的耐心审阅和热情帮助，让本书得以顺利地出版！

特别感谢清华大学张杰老师！不仅在百忙之中为本书作序，还在很多项目的设计中给予我指导和帮助，也在城市更新的路上为我和团队指明方向。本书中的很多内容是基于这些年在《建筑学报》发表的文章，作为主编黄居正老师严肃的学术态度和深厚的学识修养，始终激励我们以更高的标准，更深入的研究去面对每个项目，对此我总是心存感激！还要感谢东南大学韩冬青老师、中国科学院大学张路峰老师、清华大学范路老师、北京建筑大学金秋野老师，你们的真知灼见总能让我不断走出困境，也成为我工作的动力！

　　感谢文兵董事长在工作中和本书的编写中给予的帮助和建议！感谢一合的老哥几个，徐磊、海为、老吴，12年来我们朝夕相处的日子都在书中留下深深的印记！

　　最后还要特别感谢我的父母妻儿！因为你们，我所有的努力和付出才有意义！我的夫人李佳玲是我所有文字最真诚的倾听者和批评者，她的一路相伴和坚定支持总是让我时时感到温暖和力量！

柴培根

2024 年春于北京

图书在版编目（CIP）数据

更新七题：北京老城核心区的实践与思考 / 柴培根
著． -- 北京：中国建筑工业出版社，2024.6. -- (中
国建筑设计研究院设计与研究丛书). -- ISBN 978-7
-112-29984-3

Ⅰ．TU984.21

中国国家版本馆 CIP 数据核字第 2024E89Y09 号

策划编辑：徐晓飞
责任编辑：陈桦 王惠
责任校对：赵力

内容统筹：刘爱华
书籍设计：芥子设计工作室 黄晓飞
插图设计：崔博昊

因为内容需要，书内采用的部分老照片无法联系到拍摄者，请您看到书后可联系我们。

中国建筑设计研究院设计与研究丛书
更新七题——北京老城核心区的实践与思考
柴培根 著
*
中国建筑工业出版社出版、发行 (北京海淀三里河路 9 号)
各地新华书店、建筑书店经销
北京雅昌艺术印刷有限公司印刷
*
开本：787 毫米 ×1092 毫米 1/16 印张：18 字数：495 千字
2024 年 6 月第一版 2024 年 6 月第一次印刷
定价：198.00 元
ISBN 978-7-112-29984-3
（ 42868 ）